JN328395

岩波科学ライブラリー 237

ハトはなぜ 首を振って歩くのか

藤田祐樹

岩波書店

プロローグ　ハトが首を振るその前に

私は、鳥の歩行の研究をしている。そう言うと、「飛行じゃなくて、歩行の研究なんですか?」と、多くの人が不思議そうな顔をする。たしかに、鳥は、自由自在に空を飛ぶことが何よりも重要な特徴だ。けれども、彼らの生活をじっと観察していると、多くの鳥たちにとって、空を飛んでいる時間は必ずしも長くない。ツバメのように、いつ見ても飛んでいる鳥もいるが、ハトやスズメは、どちらかといえば地上を歩いている姿のほうが目につく。空を飛ぶことと同じくらい、地上を歩くことも、彼らにとって重要なことなのである。

鳥にとって重要といっても、いったい何を目指してそれを研究するのか、たどり着く先がわからない。まあ、それが普通の意見だろう。たしかに、鳥の歩き方を研究したからといって、生活が豊かになるわけでも困っている人が助かるわけでもない。だが、調べてみると面白い、ということを研究の価値として認めてもらえるならば、鳥の歩行を研究する意味は十分にある。とりわけ、ハトが首を振って歩く理由は、鳥の歩行研究における最重要課題と言ってよい。

ハトが歩く姿を見ていると、いつでもどこでも、ピョコピョコと首を振って歩いている。その理由が気になって仕方ないという人は案外、多いようだ。私は、ハトの首振りについて研究しているおかげで、テレビや新聞、雑誌などからずいぶん取材をうけた。ハトが首を振って歩く姿は、ハトが好きな人にとっては愛嬌があってかわいらしく、嫌いな人にとっては落ち着きなく愚かしいと映るようだ。どちらにしても、どうしてあんな風にピョコピョコと首を振るのか知りたかったという人に、私はかなりたくさん出会った。多くの人が知りたいことを調べる。それもまた、科学の重要な役割だ。と、そんなに大げさに言わなくても、知りたいことを調べるというのは、すごく自然な発想である。

そんな理由から、本書の中心テーマはハトの首振りである。けれども、首振りの理由を知るためには、まず、鳥が歩くということを全体として理解したほうが、面白さがぐんと増すだろう。そこで、動物が動くというのはどういうことか、という基本的な内容から本書を始めてみよう。

目次——ハトはなぜ首を振って歩くのか

カバーイラスト・本文イラスト（図19、図33）
いずもり・よう

1　動くことは生きること

ハトが首を振る理由が気になるひとつの理由は、それが無駄な動きに思えるからだろうか。あんなに首を振り振り歩かなくてもよさそうなのに、どうして無駄に思える動かし方をするのだろう。

私たち動物は、考えてみれば、いつもいろいろと体を動かしている。歩いて移動することもあれば、口を動かして物を食べたり、手で頭を掻いたり、体の一部を動かすこともある。それに比べて、植物はほとんど動かない。動くからこそ動物というのではあるけれど、動かずにすむ生物がいる一方で、どうして私たちは動くのだろうか。

動くとは、どういうことか

体を動かすと、体が疲れる。長距離あるけば脚が疲れるし、固いものをずっと噛んでいれば顎が疲れる。もしも動かなくてよいのなら、動かないほうがよさそうだ。しかし、それでは当然、生きていけない。もしも、私たち一人ひとりが、動くことをやめて死んでしまったらどうなるだろう。あちらでもこちらでも、次々とヒトが死んでしまうと、早晩、地球上からヒトという動物はいなくなる。ヒトが絶滅する、というわけだ。逆に言えば、私たちは動くからこそ、絶滅せずに生存していられるのである。

そうは言っても、生きとし生けるものは全て、いつかは死んでしまう。悲しいことだけれども、こればかりは避けることはできない。じゃあ、いつまで死なずにがんばればよいだろうか。それは、子孫を残すまでだ。

動物が、種として存続するためには、必ず子孫を残さなければならない。魚やカエルなら、卵を産んでそれで終わりだけれど、鳥は雛が巣立つまで面倒をみる。私たちヒトであれば、子どもが自立して結婚して、はじめて安心できるというところだろうか。それまでは、何とかがんばって仕事もしなければと考える人は多いだろう。子供が自立するまでがんばって生きているから、ヒトという種が何万年も存続し、繁栄しているのである。

死なないために動く

では、個体が死なないためには、どうすればよいだろう。

まず、日々の食事を適切にとることが大切だ。植物は地中から根を通じて吸い上げた水や養分と日光を使って栄養をつくり出すことができるが、私たち動物の仲間は、食べることによって栄養を摂取する。ずっと座って周りにある食べ物を食べていれば、やがて食べつくしてしまうだろう。すると、次の食べ物のあるところまで移動しなければならないのが道理だ。食べ物を探して移動し、肉食動物なら獲物をとらえ、無事に食糧にありつけたら、今度はそれを食べる必要がある。移動するためには脚を動かさなければならないし、食べるためには口を動かさなければならない。食べるためには、どうしてもいろいろな運動が必要である。

生きるためには、食べることだけでなく、食べられないことだって重要だ。捕食者から逃げるとか、隠れるとか、君子危うきに近寄らずとか、方法はいろいろある。このなかで、特に激しい運動を必要とするのは逃げることだ。多くの草食性の哺乳類は、高速で長距離を走ることができる。これは、ライオンやチーターのような捕食者から走って逃げるためだと考えられている。蝶のひらひらとした不規則な飛び方は、鳥が蝶の動きを予測して捕食するのを難しくするといわれている。

一般的に、高速で走るよりも適当な速さで歩くほうが移動距離あたりのエネルギー効率はよく、蝶のようにランダムに方向を変えながら飛ぶより、直線的に移動したほうが効率がよい。それにもかかわらず、高速走行や不規則な軌跡の飛翔を行うということは、逃げる場合には、速度や逃げ方が、効率よりも重要になるということに他ならない。

当たり前の話だ。命の危機にあるときに、「いやぁ、高速で走ると疲れちゃいますから……」などと言っていられるはずがない。世界的にも治安のよい日本に住んでいると、そういう意識をもつことはないかもしれないが、危険を避けたり、危険から遠ざかるということは、本当に重要なのだ。

子孫を残すためにも

食べることと、食べられないことができたなら、今度は子どもを産み、育てよう。たいていの脊椎動物にはオスとメスがいて、ふたつの性が出会わなければ子供を産むことができない。オスとメスが出会うためには、多かれ少なかれ移動しなければならない。出会ったあとも、お互いの気を引くためにいろいろな運動が必要になる。

ヒトで想像するのは、ちょっと気恥ずかしいので、ここはハトに登場してもらおう。公園でハトの群れが餌をついばむ様子を眺めていると、中に時々、奇妙な動きをしているヤツがいる。首を上げ下げしながら足踏みをし、のどを膨らませて胸をはり、尾羽を広げて地面にこすりつけるようにしている。見ていると、別の個体につきまとっているように見える。オスが、メスの周りを歩き回って求愛しているのだ(図1)。

このような求愛動作によってメスを魅了したときにはじめて、交尾をして子孫を残す可能性がうまれるのである。オスは、一生懸命にのどを膨らまし、華麗なステップを踏んでメスに近づく。メスの立場からすれば、気に入らないオスに求愛されても迷惑なだけだ。「華麗なステップって何よ。もたついているじゃない」と思っているかもしれない。そうすると、メスはオスから逃げる。そういう姿を見ると、なんとなくやるせない気持ちになる。

「あきらめたらそこで試合終了ですよ」と、ある有名なバスケ部の監督が言うように、メスが逃げるのを放っておいたら、そこで子孫を残せる可能性はなくなる。そんなことにならないよう、オスはメスを追いかける。のどを精いっぱい膨らまし、もっと華麗にステップを踏む。メスは迷惑そうに歩いて逃げる。オスは歩いて追いかける。見ている私は、やるせない気持ちになる。オスは再び、メスのまわりを歩き回る。大きく広げた尾羽を地面に優雅にこすりつけ、頭をステップに合わせて上下させる。見事なダンスだ。でも、メスはつれない。「しつこいわね、もう」と思っているかどうか知らないが、今度は飛んで逃げてしまう。オスは飛んで追いかける。私はまた、やるせない気持ちになる……。

図 1　ドバトの求愛。左がオス，右がメス。求愛は数分にわたって続いたが，このときは最後にメスが飛び去って終わった。

求愛もたいへんだ。こうして見ると、求愛ひとつとっ

図２　クロアシアホウドリのダンス。２羽が互いの首をこすりあわせている。お互いの動きのタイミングを合わせながら，だんだんスピードアップしていく，かなり複雑なダンスを行う。

ても、さまざまな運動が繰り広げられている。もっと複雑なダンスをする鳥もいて、アホウドリの仲間のクロアシアホウドリは、首を上下左右に動かしたり、くちばしをパクパクパクパクと鳴らしたり、時に素早く、時にゆっくりと、それはもう多種多様な動きで構成された見事なダンスをする(図2)。

めでたくオスとメスの気が合ったあとは、交尾を経て、出産ないし産卵、それから子育てをする必要があるだろう。鳥の場合には、子供を産む前よりいっそう多くの食べ物を必要とするし、巣づくりのために材料を探す必要もある。集めた材料を組み合わせて巣をつくるためにも、体を動かさなければならない。

運動の目的をひとつひとつ数えていけば、きりがない。きりがないから短くまとめてしまうと、食べるためにも、食べられないためにも、雌雄が結ばれるためにも、子どもを産み育てるためにも、とにかく運動せねばならないのだ。

運動に必要な構造

何をするにも体を動かさなければならないから、私たち動物の体には、動くための仕組みがある。動くための仕組みとは、何らかのエネルギーを運動に変える仕組みということだ。自動車にたとえると、ガソリンが燃焼するときに発生するエネルギーを回転運動に変換する「エンジン」が、動くためには不可欠だ。もちろん、エンジンの生み出した回転をタイヤに伝えるギヤやシャフトも重要だし、エンジンに燃料を供給する仕組みだって必要だ。そうした各部品が集まり、ひとつのシステムとなって、はじめて自動車は動くことができる。

ハトや私たちヒトの場合には、骨と筋肉があるから体を動かすことができる。骨で体を支え、その骨を筋の収縮力で引っ張って動かす。筋肉を動かすために必要なエネルギーは、血流によって運ばれる。筋肉を動かした結果うまれる二酸化炭素や老廃物もまた、血流によって肺や肝臓、腎臓などに運ばれ、やがては体の外に排出される。筋を収縮させる指令を出す役目は、神経系が担っている。

それぞれに複雑な仕組みがあって簡単にすべてを説明することはできないが、大まかに言えばこうした仕組みが備わっているからこそ、私たちは動くことができるのだ。

筋肉と骨格で体を動かす

私たちの筋骨格系は、本当に見事だ。

図3　モクズガニの骨格標本。甲殻類は外骨格なので，骨格だけになっても生きているときと姿がほとんど変わらない。

筋肉そのものにできる動きは、実際のところひどく単純で、一定の方向に縮むだけである。筋肉は、筋細胞（筋繊維）という細長い細胞が集まってできている。筋細胞は、その長軸方向に収縮することができるが、いったん収縮してしまうと、他の筋肉の力で引っ張って伸ばされるまで再び収縮することはできない。筋細胞が束になってできた筋肉も、細長い筋細胞の並ぶ方向に縮むだけだ。これほど単純な動きしかできない筋肉だが、骨格と組み合わさることで、多様な動きを生み出すことができる。

ちなみに、私たちの骨格は骨だが、骨と骨格は同義ではない。「骨」は、カルシウム塩と、コラーゲンなどの繊維性タンパク質を主体とした組織だ。それに対し「骨格」は、材料が何であるかを問わず、骨組みとして機能する構造を意味する言葉である。言い換えると、骨は、私たち人間を含む脊椎動物の骨格をつくる材料ということだ。脊椎動物は、骨という材料を使って骨格を形成するが、昆虫や甲殻類ではキチン質というタンパク質を材料として骨格を形成している。脊椎動物の場合には、骨が体の内側にあるので内骨格、昆虫などでは外側に骨格があるので外骨格とよぶ（図3）。

材料が骨だろうとタンパク質だろうと、固い骨格があることで、筋の単純な収縮を多様な動きに変換することができる。どんな動物にも、こうした装置があるからこそ、体を動かすことができるのだ。

動物たちの移動様式とその進化

動物は、筋骨格系を使ってさまざまな運動を行う。体の一部を動かすこともあれば、体全体を動かして自分自身が別の場所へ移動することもある。当然のことながら、自分の体全体を別の場所へと動かすには、体の一部だけを動かすよりも、ずっと多くのエネルギーを必要とする。そのため、移動のための運動は、特に効率性が問われることになる。

動物たちは、それぞれの生活スタイルとそれにあった移動方法を、進化の過程で獲得してきた。動物たちの歩き方をみると、その流れが理解できる。

サンショウウオなどの両生類、トカゲやヤモリなどの爬虫類は、体幹から突出した四肢で体を持ち上げ、体幹をくねらせて四肢による支点を次々と前方に動かして移動する（図４）。体幹をくねらせる運動は、魚が泳ぐときの体幹の動きに類似している。両生類や爬虫類は、脊椎動物の進化の中では、最初に陸上へと進出した動物たちだ。もともと、魚のように体幹をくねらせる体の仕組みをもっており、それをうまく利用する形で、陸上での運動を実現さ

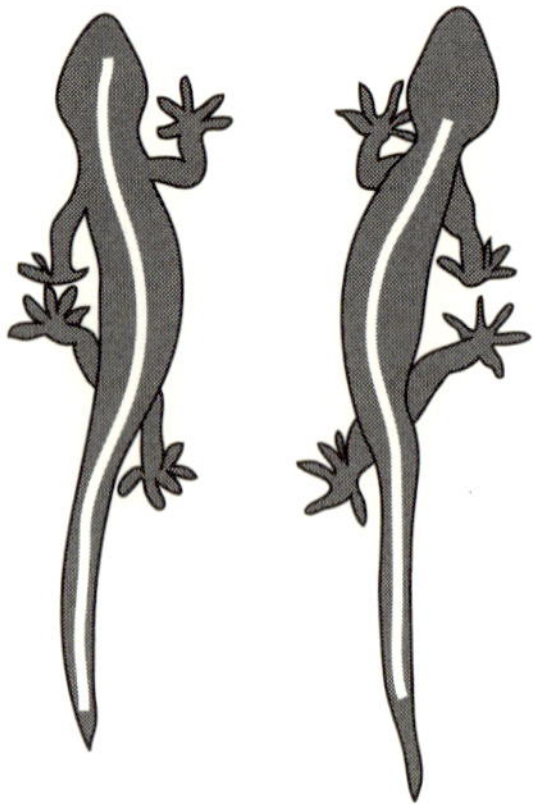

図4　ヤモリの歩行姿勢。歩くにつれ，背骨（白線）が左右に大きく曲がる。

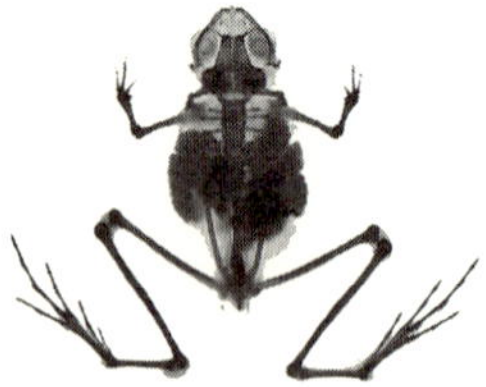

図5　カエルの骨格標本。長い脚は強力なジャンプ力を，短い体幹はジャンプ中の体の安定性をもたらす。

せた結果、こうした歩き方となったのだろう。

やがて、両生類の一部は体幹を短くして後肢を大きく発達させた。カエルの仲間だ（図5）。長い後肢は、大きなジャンプ力を生み出すことができる。ジャンプするには、体幹がグネグネしていると安定性が悪くなる。体が短くなれば、グネグネしなくなる。短い体と長い後肢を獲得したことで、カエル類は、大きなジャンプを可能にしたのである。

爬虫類の一部（恐竜類）や哺乳類もまた、四肢を発達させて多様な運動を実現させていく。彼らの肢は、単に長さが長くなるだけでない。両生類やトカゲなどの爬虫類とは異なり、四肢が、体の側面ではなく下方に向けられるのである。下を向いた四肢で体幹を大きく持ち上げ、そのまま四肢を前後に振ることで移動するのだ。

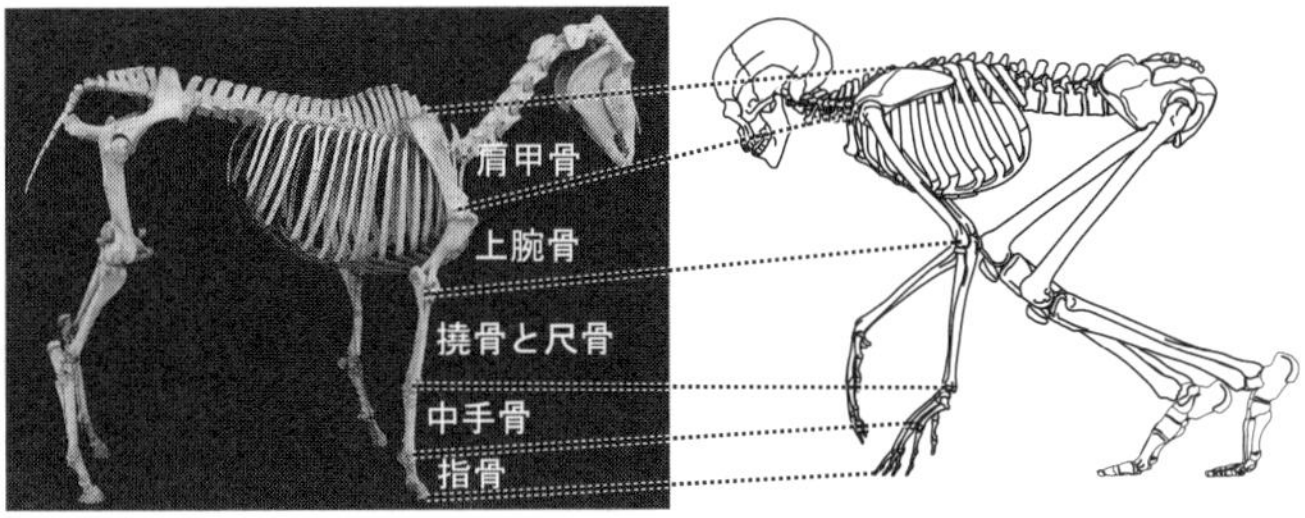

図6 ウマ(左)とヒト(右)の骨格。ウマは中手骨が上腕骨と同じくらいの長さになっている。ヒト骨格図は臼田隆行氏画。

体全体を動かすよりも、四肢のみを動かすほうが効率的である。また、体幹を激しく動かさなくてよければ、体が安定してコントロールしやすくなる。その結果、速度の高い運動を実現できるというわけだ。さらに、シカ類やウマなど、とくに走ることに長けた動物では、四肢の特に末端部が長くなっている(図6)。脚が長くなれば、それだけ一歩の長さが長くなり、速く走れるようになる。

もっとも、哺乳類でも体幹はまったく動かないわけではなく、体幹と四肢はつねに協調的に動いている。だが、その方向は魚やトカゲの横方向の動きと異なり、背腹方向に体を曲げ伸ばしする運動になる。よく知られるのは、ネコ科動物が走るときの動きだ。たとえばチーターは、走るときに体幹を大きく曲げ伸ばししている。体全体を使って力いっぱいジャンプすることで、歩幅を大きくし、陸上動物最速とも言われる走行速度を生み出すのだ(図7)。

こうして背腹方向に体幹を屈伸させる動きは、哺乳類全般

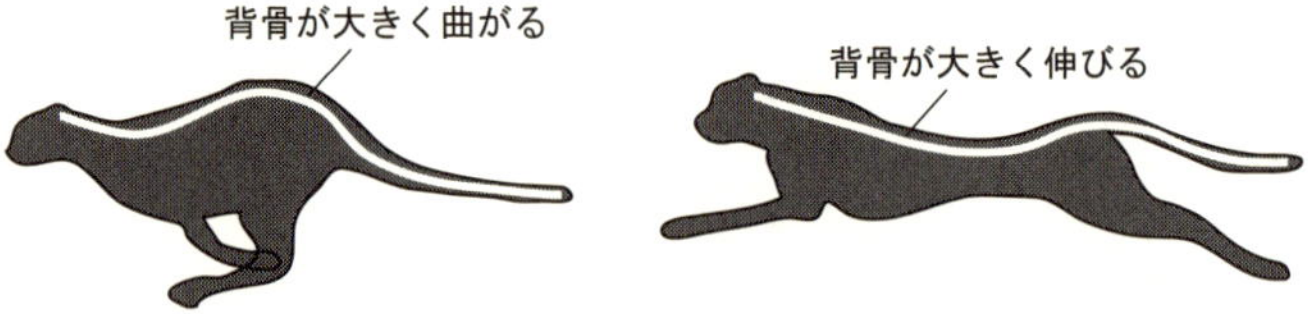

図７　走るチーター。走るときには背骨（白線）を背腹方向に大きく曲げ伸ばしして，一歩の長さを大きくする。

で程度の差こそあれ行われているようだ。先述のウマやシカなども、あまり体幹を動かしているようには見えないが、やはり背骨は屈伸を繰り返している。ただ、その程度がネコ科動物よりずっと少ないのだ。

少し話題はそれるが、陸から二次的に水中へと進出した哺乳類も例外ではなく、アザラシやオットセイ、鯨などは、泳ぐときに脊椎を背腹方向に屈伸させている。魚類が一般に体を側方にくねらせて泳ぐのに対し、水棲哺乳類が体を背腹方向に屈伸させるのは、脚を下方に配置させた哺乳類から進化した水棲哺乳類ならではと言えるだろう。

＊

さて、私たちヒトは、四肢ではなく二本の肢による移動、いわゆる二足歩行を行う。それはヒトだけではなく、鳥たちもまたそうだ。

二足歩行は、四足での移動とは運動の条件がかなり異なってくる。二本足では、四本足よりバランスをとるのがずっと難しくなるし、体幹の曲げ伸ばしで歩幅を大きくすることはできなくなる。そこで、どのようにバランスをとり、どのように脚を動かして歩幅をかせぐかが重要になってくる。ハトの首振り歩きの謎に迫る前に、次の章では、鳥たちとヒトとをつなぐこの二足歩行について、じっくりとみてみよう。

注　本書では股関節以下の全体(あるいはその大半)を指す場合には「脚」、足首から先を示す場合には「足」を使用する。ただし、「二足歩行」や「四肢」など、用語として定着している場合はそれに従う。

2　ヒトが歩く、鳥が歩く

鳥とヒトの二足歩行

多くの陸上脊椎動物が四本の脚で移動するが、鳥と私たちヒトは二足歩行を行う。絶滅した恐竜の一部も二足歩行をしていたが、現生動物で二足歩行をする動物は他にいない。強いてあげれば、カンガルーの仲間は二本の後脚でピョンピョン飛び跳ねるが、彼らも急がないときには四本脚で移動する。サルやトカゲの仲間には、時々、後脚だけで歩いたり走ったりする種もあるが、つねに二足歩行をする動物は鳥とヒトだけだ。

もっとも同じ二足歩行といっても、鳥とヒトではかなり姿勢が違う(図8)。私たちは股関節や膝をまっすぐ伸ばして立ち上がるのに対し、鳥たちは股関節も膝も曲げている。私たちが鳥の姿勢をまねると、爪先立ちで膝を曲げ、お尻を後ろに突き出した姿勢になり、たいへん不恰好だ。これほど姿勢が異なると、体の動かし方もけっこう違ってくる。

たとえば私たちヒトは、股関節を中心に脚全体を大きく動かして歩くのに対し、鳥たちは膝から先を大きく動かす。このような違いは、姿勢の違いによって体の重心位置が異なるためだ。私たちが直立すると、体の重心は腰のあたりにあるので、腰を中心に脚を動かすとバランスがとりやすい。一方、鳥たちの体つきでは、翼を動かすための強大な胸筋が重量のかなりの比率を占めるため、体の重心は胸のあたりになる。すると、鳥の体の重心は膝の近くになり、膝を主に動かすとバランスがとりやすいのである。

一方、鳥の祖先とされる恐竜の姿勢をみると、体を横に寝かせ(背骨が水平に近い方向に伸び)、膝を軽く曲げた姿勢で復元されている。この姿勢は、どちらかといえばヒトより鳥に近いが、恐竜の場合には、鳥と違って股関節を中心に脚全体を動かして歩いていたらしい。鳥と恐竜の姿勢が似ているのに、なぜ両者の歩き方がかくも違うかというと、

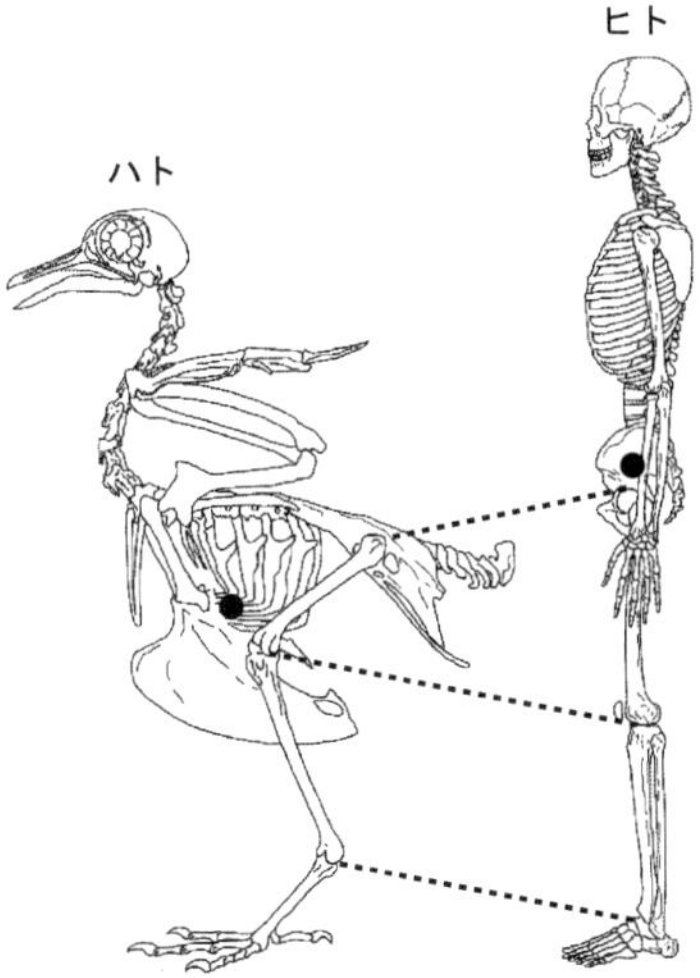

図８　ハト(左)とヒト(右)の骨格図。同じ関節を点線で結んでみると，ハトは膝を曲げてつま先立ちしていることがわかる。黒丸で示された重心は，ヒトでは股関節に近く，ハトでは膝関節に近い。

体の重心位置が異なるからだ。恐竜は鳥のように強大な胸肉はもたない代わりに、筋肉のついた長い尾をもっている。そのおかげで、恐竜の体の重心位置は、鳥よりもずっと尾のほうに近くなって、ちょうど股関節あたりに重心がある。そのため、体を横にして膝も曲げているけれど、恐竜は股関節を大きく動かして歩いていた、と考えられるのだ。

このように二本脚で歩く場合には、体つきや姿勢、そして重心位置が、体の動かし方を決める重要なポイントとなるのである。

歩くことと走ること

もっとも、私たちは歩くだけでなく走りもする。どちらも二本の脚を交互に前に出すのだが、移動の速度が違う。当たり前と思われるかもしれないが、走るほうが歩くよりもずっと速い。

じゃあ、歩いていて、だんだん速度を上げていくと、どうなるだろう。速度が限界になるまで早足で歩き続けることもできるし、そこまで行く前に走ることもできる。そう考えてみると、「歩く」と「走る」は、速度が上がるとだんだん変化するのではなく、私たちが切り替えようと思ったときに、切り替えられる運動であることに気づく。すごくゆっくり走るより、すごく速く歩くほうが速い、ということだってありうるのだ。

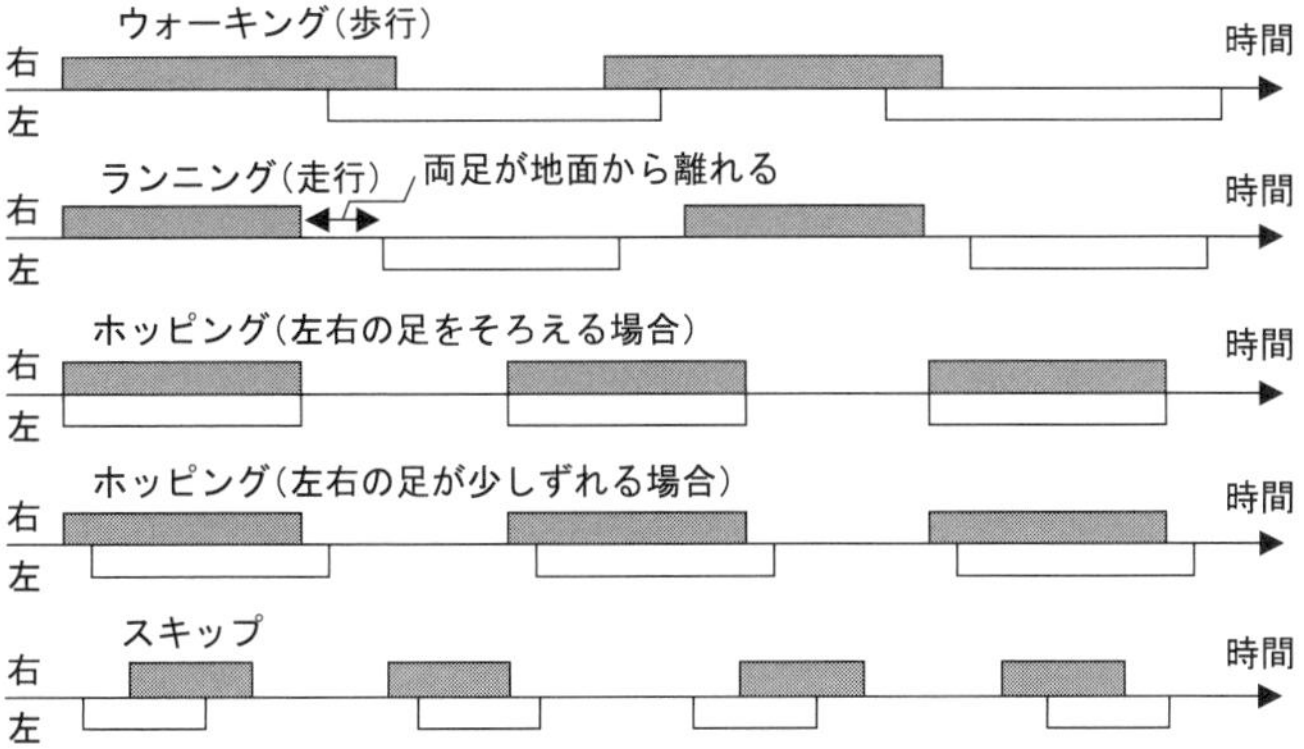

図9 二足でよく行われる運動の足運びを表した模式図。白は左足，灰色は右足が地面についている時間を示す。ウォーキングやランニングでは左右の足が交互に着地するが，ホッピングはほぼ同時に着地する。

それでは、「歩く」と「走る」は、どのように区別すればよいのだろうか。たとえば競歩という競技では、両方の足が同時に地面から離れてはならないというルールがあることがよく知られる。競歩とは、つまり早足の競争だが、この「両足が地面から同時に離れない」というのは、実はヒトの歩行の重要な特徴なのだ(図9)。

エネルギー変換からみた歩行と走行

私たちはふだん、そうとは意識していなくとも、必要とされる速度から「歩く」と「走る」を使い分けている。速度がゆっくりなら歩くし、急ぐときには走る。けれども、速度が微妙なとき、早足で歩くかゆっくり走るかを決めるのは、たぶん、どちらのほうが疲れ

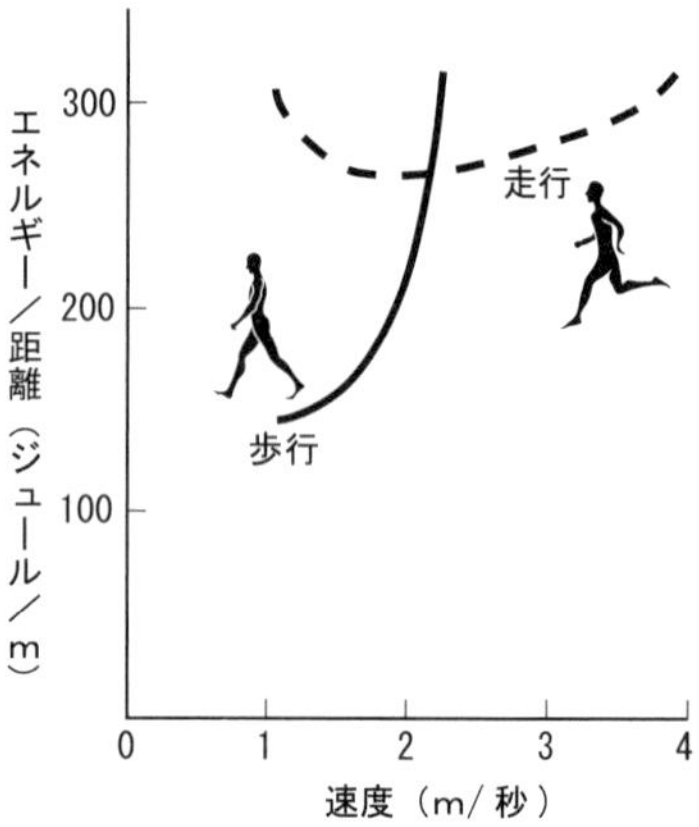

図10　ヒトの歩行と走行それぞれにおける，速度によるエネルギー消費量の変化。

るかだろう。疲れるというのはすなわち、エネルギー効率が悪いということ。それが、歩行と走行のもうひとつの違いなのである。

ランニングマシーンの上で速度を上げながら歩いたり走ったりしてもらい、さまざまな速度でのエネルギー消費量を推定した結果が、図10である。縦軸がエネルギー効率（移動距離あたりのエネルギー消費量）で、小さいほどエネルギー効率がよい。

歩行は、秒速1・1mくらい（約4km／時）から速度が上がるにつれてエネルギー効率が悪くなっている。一方、走行の場合には秒速1・7mくらい（約6・1km／時）でもっとも効率がよく、それより速度が高くても低くてもエネルギー効率は悪くなる。ここで、秒速1・7mより遅くてもエネルギー効率が悪くなることが重要だ。

そのため、歩行からだんだん速度をあげていくと、秒速2・2～2・5m（時速8～9km）を超えるあたりで、走行のグラフと交わり、走行のグラフが下にくる。グラフが下にあるほうが効率がよいので、秒速2・2～2・5mより遅いときには歩行が効率的で、速い場合に

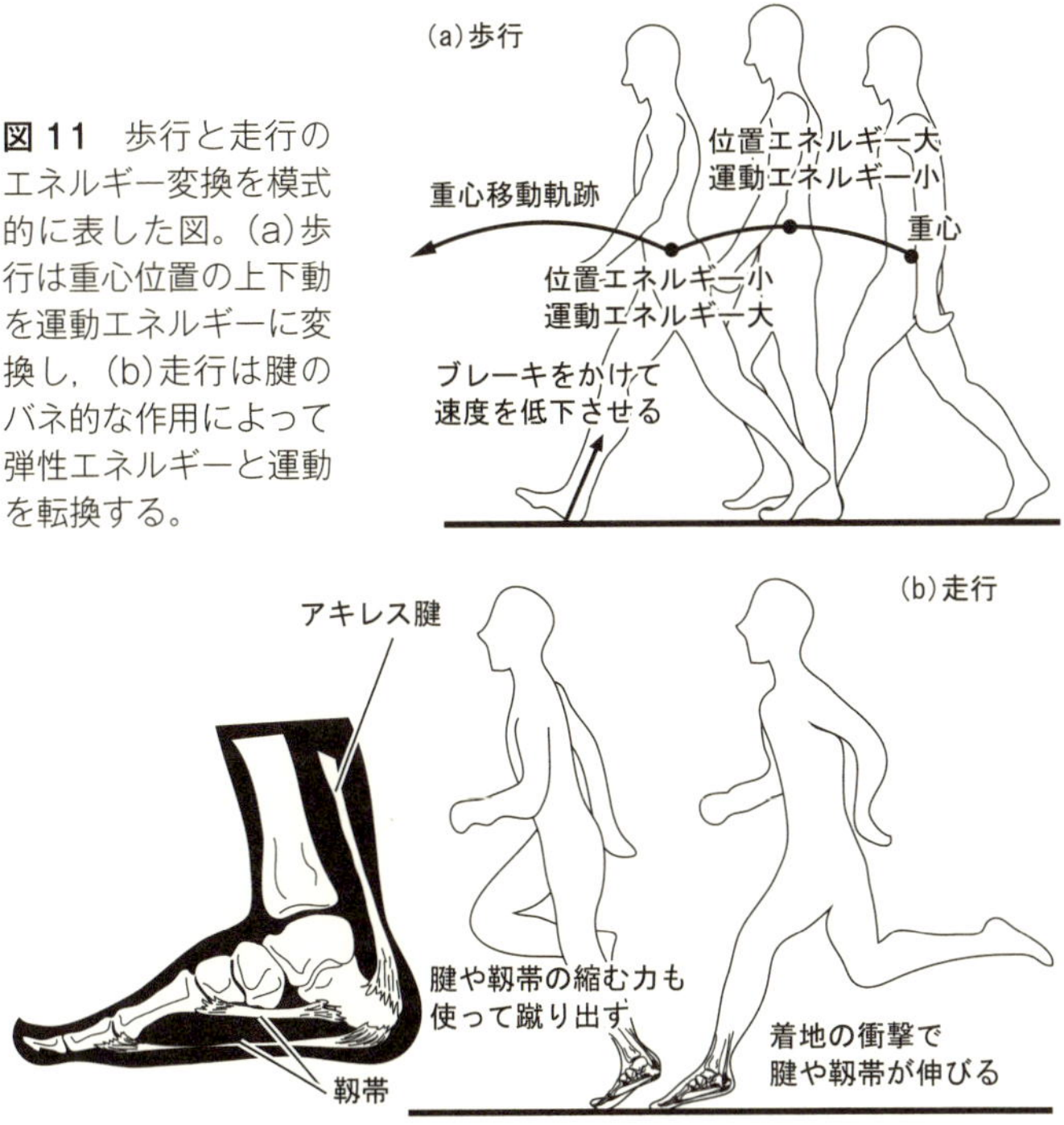

図 11　歩行と走行のエネルギー変換を模式的に表した図。(a)歩行は重心位置の上下動を運動エネルギーに変換し，(b)走行は腱のバネ的な作用によって弾性エネルギーと運動を転換する。

は走行が効率的になることがわかる。私たちが急ぐとき、いつまでも早足で歩かずに、走り始めるのは、エネルギー効率からして理にかなっているのである。

そもそも歩行と走行では、体の動かし方がちがう。歩行は、言ってみれば逆さ振り子で、運動エネルギーと位置エネルギーを効果的に交換する運動である。他方の走行は、運動エネルギーを弾性エネルギーと交換する運動だ(図11)。

歩行は、踵をつく衝撃が

ブレーキの役割を果たして速度を低下させ、低下した分の運動エネルギーの一部が、体の重心を高くすることに費やされる。次の一歩を踏み出すときには、高くなった重心を落下させることで、位置エネルギーを再び前進する力に転換する。歩行が運動エネルギーと位置エネルギーを交換するというのは、こういう意味だ。

走行の場合には、着地して足首の関節が曲がるときに、踵につながるアキレス腱や、足底にある靱帯がゴムのように伸びる。伸びた腱や靱帯は、今度は縮もうとするので、この力（弾性エネルギー）を利用しながら、つづく蹴り出しにおいて足首の関節を伸ばす。そこで、走行は運動エネルギーと弾性エネルギーを交換する運動と言われるのだ。

ケンケンやスキップはだめなのか

とはいえ、二本脚で移動するというなら、歩いたり走ったりする他にも、スキップ、ケンケンなどもあるはずだ。

スキップは、右、右、左、左、右、右、左、左と足をつく。ケンケンは、片足だけでピョンピョンとジャンプを繰り返す。誰しも子供のころにやったことがあるだろうが、オトナになると、どういうわけか私たちはスキップやケンケンをしなくなる。

なぜ、ケンケンやスキップを日常的に行わないのだろう。その答えは、試みにケンケンやスキップをしてみるとわかる。……疲れるのだ。疲れるということは、エネルギー効率が悪いということでもある。どうやら、私たちの脚は、一本だけで十分な推進力を出し続けるようにはできていないらしい。エネルギー効率が悪いということは、それに見合った何かが得られなければ、やるべきではない。スキップをすると、どんなよいことがあるだろうか。歩くよりは少し速いが、速さが必要なら走るほうがずっと速い。要するに、スキップやケンケンには、あまりメリットがないのである。

ところが、子供たちは案外、こうした運動をする。なぜ子供はスキップをするのかをまじめに議論した論文を読んだことがあるが、スキップには速度以上の疾走感があり楽しいからだと書いてあった。なるほど、たしかに疾走感はある。

だが、なんとなく、楽しいときにスキップをしているようにも思える。仲睦まじくスキップをする恋人たちは、果たして疾走感を感じたいからスキップをしているのだろうか。スキップをするから楽しいのか、楽しいからスキップをするのか、結論を出すのは難しい。子供たちは遊びに夢中になると疲れるということを知らない。恋する若者もまたしかり。そういう活力にあふれる年頃には、きっと疲労など度外視してスキップもケンケンもできるのかもしれない。

鳥たちは「歩く・走る・ホッピング」

私たちと同じく二足歩行の鳥たちは、両足を交互に前に出す歩行と、両足をほぼ同時に前に出すホッピングを行う。トコトコ歩くハトの姿と、両足をそろえてピョンピョン跳ねるスズメを思い出してもらえばよい。ハトが歩行で、スズメがホッピングだ。

そして私たちと同じように、普段は歩いていても、急ぐときには走る鳥も多い。大草原を駆けるダチョウやレアの姿はテレビでもおなじみだし、公園でハトを追いかけてみれば、まず早足でせっせと逃げて、やがて彼らは走り出す。最後には飛び立ってしまうが、彼らはその直前まで、脚を交互に動かして走っている。

ハトも他の「歩く」鳥たちも、私たちと同様に、普段は歩き、急ぐときには走る。この点において、私たちヒトと鳥たちとでは何のちがいもない。その証拠に、速度と歩幅、つまりストライド長の関係をみると、ヒトも鳥も同じような傾向を示す(図12。ただし、ここに示す鳥はいずれも地上をよく歩く鳥たちで、そのうち2種は走鳥類であるエミューとダチョウだ)。図の網掛けしたあたりで、グラフの傾きが不連続に変化していて、ヒトでも鳥でも、ここで「歩く」から「走る」へスイッチしているのだ。

先述のように、ヒトでは両足が地面から離れるかどうかで歩行と走行を区別できるが、鳥の場合は少しややこしくなる。速度が遅めの走行では、両足が地面から離れないからだ。ちょっと待て、両足が離れない走行って、本当に走っているのかと疑問に思う方もいるだろう。もちろん研究者も疑問に思い、いくつかの研究が行われた。本章で述べてきたとおり、「歩く」と「走る」には運動効率やエネルギー変換法、脚の動かし方（すなわち筋肉の活動パターン）などさまざまな違いがある。鳥では、これらの特徴において走行である条件を満たしているのに、両足が地面から離れない場合が確認されたのだ。そこで、「鳥は両足が離れない走行を行う」と結論されるに至った、ということである。

このような違いは、ヒトと鳥の基本姿勢の違いによる。先述のように、私たちヒトの直立姿勢に対し、鳥たちの姿勢は、股関節と膝

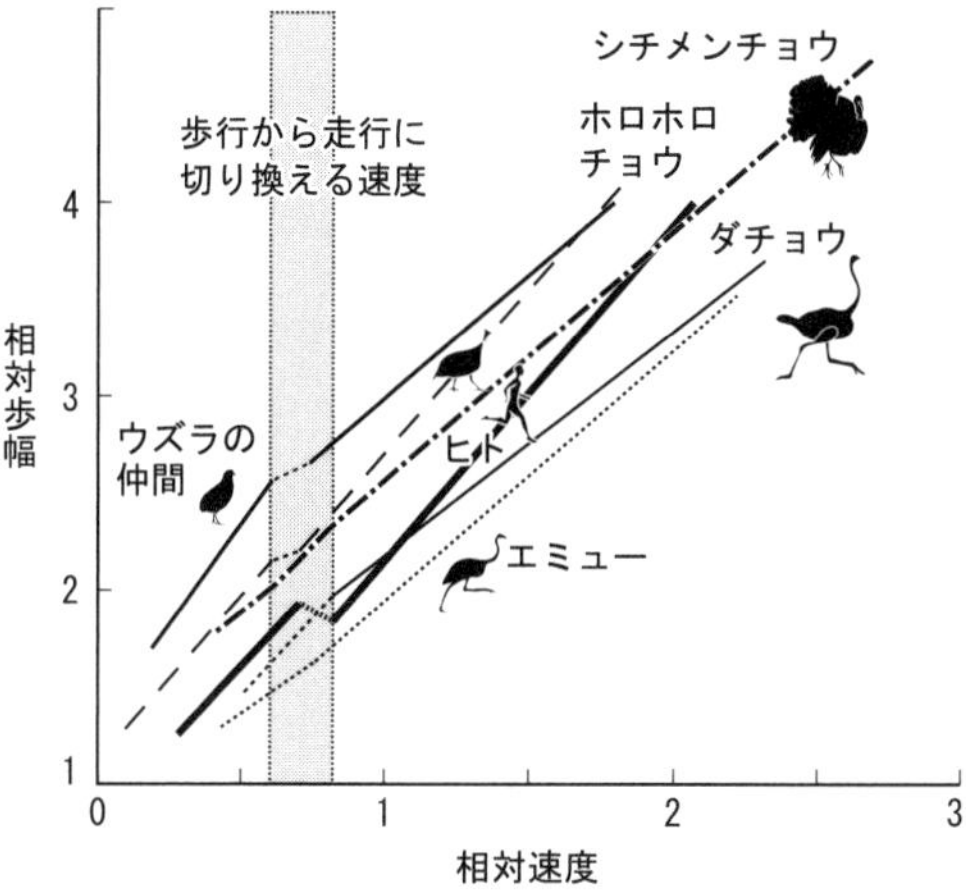

図 12 鳥とヒトが速度を高めるときに，歩幅（ストライド長）をどのように高めるかを示した図。歩幅も速度も脚の長さによって相対化してある。網掛けの部分でグラフが変化しており，この範囲で歩行から走行に切り換えられたことがわかる。

を曲げたつま先立ちだ。脚が曲がっていれば、強く蹴り出したときに脚が伸びきるまでに時間がかかる。脚が伸びきってからでないと地面からは足を離さないから、走っているのに両足が離れないということが起こるのだ。

脚先ほっそり

鳥とヒトでは、脚のかたちもずいぶん違う。

鳥たちは、私たちヒトよりもアキレス腱や靱帯が長い。これは脚の骨、特に末端のほうが長いことと関係している。ヒトでも鳥でも、下肢の筋肉は、大腿部や脛の膝関節に近い方に多く、末端に行くほど腱になって細くなる。自分の脚を眺めてみると、太ももやふくらはぎには豊かな筋肉があるが、足首に近づくほど、脚は細くなっている。鳥の脚では、この足首近くや、足の甲の部分が長くなっていると考えてくれればよい。

脚の末端が長いと、脚が長いわりに、先端を細く軽くすることができる。脚を長くすれば、歩幅は大きくなり、走るのも速くなる。だが、長い脚はそれだけ重くなるので、今度は動かすのが大変だ。長い脚は歓迎するが、重い脚は勘弁してほしい。そこで解決策として、筋肉が少なく相対的に軽い末端部を長くするのだ。むろん、脚は少しは重くなるが、筋肉が根元のほうに多いので、脚全体の重心は、体に近い位置にある。そうすると、長い脚でも素早く

図 13 ダチョウとエミューの趾。ダチョウ(左)は第 3，4 趾のみ，エミュー(右)は第 2，3，4 趾をもっている。それぞれ，左足に付した数字が趾の番号。

振ることができるのだ。

それから、脚先が長くなると、アキレス腱も長くなり、走行のエネルギー転換をより効果的に行うこともできる。歩幅が大きくなり、脚をすばやく動かすことができ、さらにエネルギー転換も効果的に行えるとなれば、いいことずくめだ。だからこそ、足の速い動物たちは、一様に末端部の長い脚をもっているのだ。走鳥類だけでなく、ウマやシカなどの哺乳類でも、同じように末端部が長い脚をもっている。

ダチョウの足と脚

さらに、「走る鳥」には、走る鳥ならではの特徴がある。

走る鳥の代表選手であるダチョウやエミューなどの足の先に目を向けると(図13)、趾《あしゆび》が短く、数も少ない。多くの鳥の足は前に3本、後ろに1本の趾をもつのに対し、ダチョウは第3、4趾(鳥の足では、後ろに向く趾が第1趾、あとは内側から順に第2〜4趾とよぶ)の2本だけで、いずれも前を向いて並んでいる。エミューの足は2、3、4趾の3本だが、やはり太く短い。この足の形にも、「走る」ための秘密が隠されている。

まず、鳥の足の正面を向く強大な第3趾は、推進力を発揮するという重要な役割をもつ。これは、私たちの足の親指が強大になっていることとも似ている。ダチョウやエミューの巨体で高速走行をするには、強い力で地面を蹴らなければならない。そのために、強大な第3趾が役立つのだ。

じゃあ、鳥の足の第2趾や第4趾は何をしているのだろう。過去の研究によれば、どうもこれらは、左右方向のバランスをとるのに使われているようだ。なるほど、これは直感的にも納得しやすい。さらに興味深いのは、内側にある第2趾と外側にある第4趾を比べると、外側の第4趾のほうがより重要で、かつ高速で走るほど、第2、4趾の重要性は低下していくということだ。

こうした脚の特徴を考えると、エミューに比べて、ダチョウはより速く走るのに適した鳥と考えてよさそうだ。より高速走行に適応するほど第2、4趾は必要なくなり、2、4趾を比べると4趾のほうが重要だから、ダチョウは第3、4趾の2本のみをもつと考えると話が合う。

渉禽類の長い脚

鳥の仲間で脚が長いといえば、ツルやフラミンゴ、サギなども忘れてはならない。それぞれに分類群が異なる鳥たちだが、彼らの脚もまた、細くて長い。

こうした鳥たちは、一般に渉禽類《しょうきんるい》とよばれる。「渉《わた》る」という言葉には、川などを横切って歩くとか、水辺を歩くといった意味合いがある。これらの鳥たちは、足先を水にひたして、水場を歩いて魚や甲殻類などの小動物を食べることが多いので渉禽類とよばれるのである。

長い脚といっても、走鳥類と違い、渉禽類の長い脚は水辺を歩くための適応だ。ダチョウの太くてしっかりした脚と比べ、細長くて華奢であることからも一目瞭然だろう。それに足先を見ると、渉禽類は長い趾をもっている(図14)。フラミンゴなどは、水かきも発達している。こうした長い趾や水かきがあると、体重が分散されるので、湿地などの

図 14　湿地にたたずむアオサギ(左)とセイタカシギの群れ(右)。

ぬかるみでも沈まずに歩くことができる。天然のかんじきを履いているようなものである。もちろん、渉禽類だって走ることはできるけれど、高速で走ることに適した走鳥類と、水辺に適応した渉禽類の生活の違いはちゃんと、長い脚の細かな特徴にあらわれているのだ。

キウィの大また歩き

鳥たちの中では、脚の形だけではなく、歩き方もさまざまだ。

たとえばニュージーランドだけに棲む、キウィという鳥がいる。キウィは、ダチョウ目ヒクイドリ科に分類され、現在、6種が生息しているが、いずれも絶滅が心配されている。ニワトリほどの大きさで、飛翔能力はなく、夜行性のため目は退化してあまり見えない。そのかわりに嗅覚と触覚に優れ、また、ネコのように長い髭を触覚として使い、歩きながら昆虫やミミズ、果実などを探して食べている。

このキウィ、ダチョウ目といっても、大きさも骨格形態も、かなりダチョウやエミューとは異なる。そして歩き方まで異なるのだ。ダチョウやエミューは速度を上げるために歩くテンポ(脚を動かす頻度)を上げるのに対し、キウィは一歩の長さを大きくして速度を上げる傾向がある。速度を上げるとき、キウィのほうが大また歩きになる、ということだ。

エミューとキウィの骨格を比べてみよう(図15)。エミューの股関節は体の前のほうにあっ

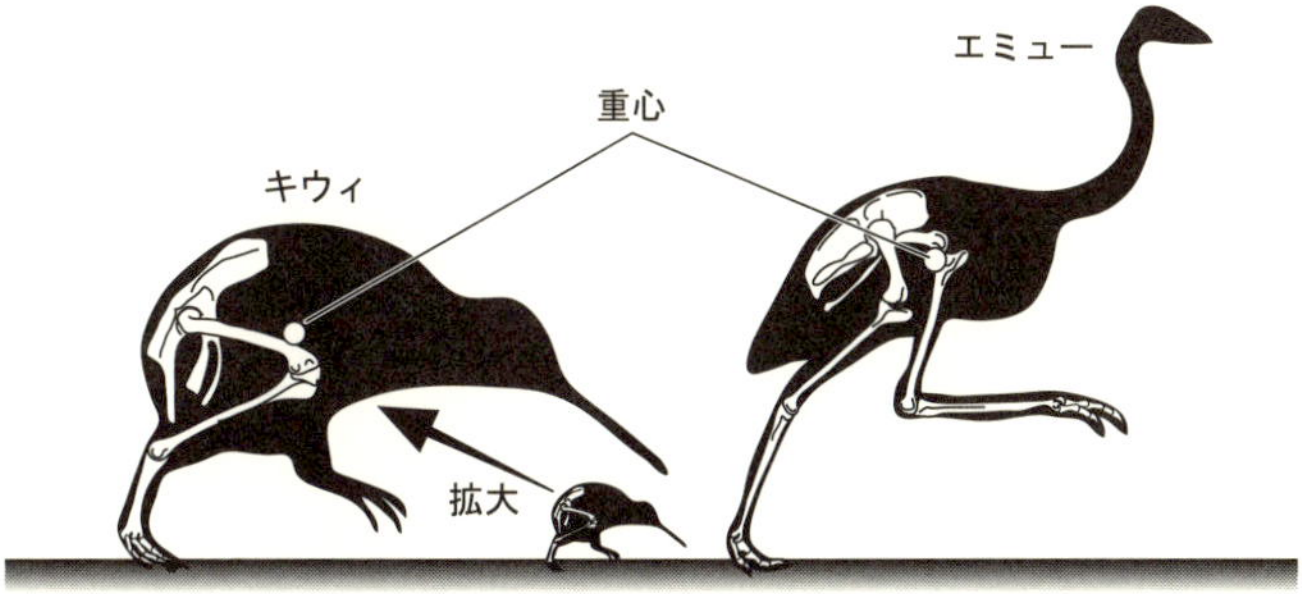

図 15 キウィとエミューの歩き方。キウィ(左)は，エミュー(右)に比べて脚を強く曲げた姿勢で歩いている。

て、体の重心位置に近い。そのため、大腿骨を垂直に近い形にして姿勢を維持している。これとは反対に、キウィの股関節は体の後ろのほうにあるため、長い大腿骨を体幹に水平に、前方へと伸ばして、重心位置付近に膝関節をもってくることで体を支えている。

だから、エミューは脚の関節を比較的伸ばした姿勢で歩くし、キウィは、他の多くの鳥と同様に、脚の関節をかなり曲げたまま歩く。

脚を伸ばして歩く場合、速度を上げるときには、歩くテンポを上げる(つまり、ちょこちょこ歩く)と効果的だ。もともとの歩幅が大きいので、それ以上、歩幅を大きくするのが難しいからだ。反対に、脚を曲げた姿勢のキウィでは、もともとの歩幅は小さいので、まず脚をしっかり伸ばして大股で歩くようにすると、それだけ歩幅が大きくなり、歩行速度を高めることができる。

いうまでもなく、鳥として特殊なのはエミューのほうだ。歩くときに歩幅を大きくするか、歩くテンポを上げるかという観点で図12(23ページ)をもう一度見てみると、ダチョウやエミューは、ホロホロチョウやシチメンチョウに比べて下の方に位置している。同じ速度で比べた場合には、ダチョウやエミューは相対的に歩幅が小さいのだ。そして、ヒトも走鳥類と同じくらい下の方にある。つまり、速度を上げるときにどのくらい歩幅を大きくするかという点において、ヒトはダチョウやエミューと似ているのである。

ペンギンはヨチヨチ歩き

二本足で歩く鳥といえば、ペンギンをはずすわけにはいかない。二本足で氷の上をヨチヨチと歩いていく姿は、なんとも愛嬌がある。水中を自由自在に高速で泳ぎ、魚を追いかけて捕まえる姿とは、ずいぶん印象がちがう。

ところが、このペンギンも、意外に長い距離を歩くようだ。地上に石などを集めて巣を作るので、当然ながら営巣場所までは歩いていかねばならない。通常、ペンギン類の繁殖コロニーは海岸線から数百m以内につくられるが、時には海岸から3㎞以上も内陸につくられることもあるという。ペンギンが列をなして、ヨチヨチと3㎞も歩く姿を想像すると、微笑ましい限りである。

それにしても、３kmといえば、私たちヒトにとってすら、ちょっとした距離だ。それを、ペンギンが本当にヨチヨチと歩いていけるのだろうか。彼らの歩き方は、いかにも効率が悪そうだし、なんだか疲れそうだ。

ペンギンが歩くときに足が発揮する力から、それに必要なエネルギーを試算した研究によれば、ペンギンの歩行は見た目の印象どおり、効率が悪い。それはそうでしょうよ、と誰でも思うことだろうが、ここで、どうして効率が悪いのかということを、真面目に考えてみよう。

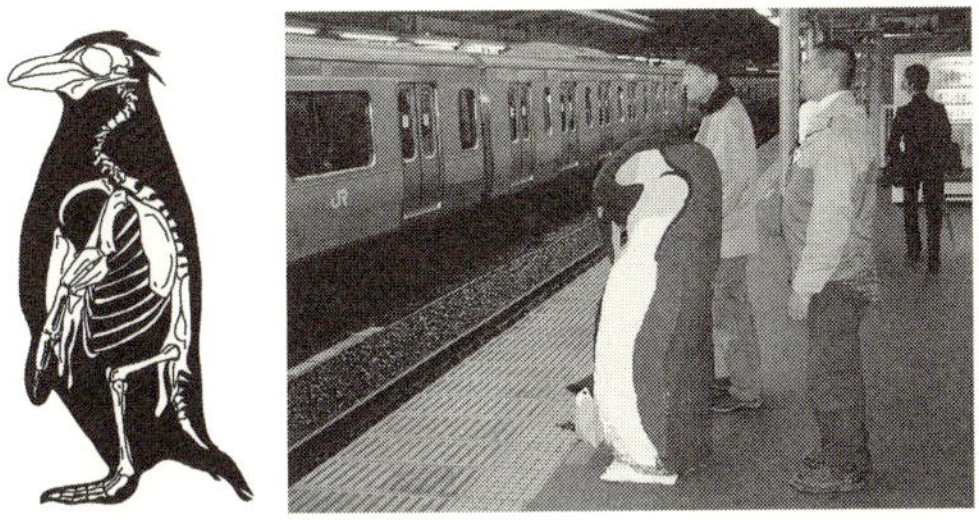

図 16　ペンギンの姿はヒトとあまりに似ているため，山手線ホームにペンギンが並んでいても，誰も気づかない(右)。しかし，骨格(左)を見るとペンギンはしゃがんでいて，立っているヒトとは簡単に区別できる。

ペンギンの歩行を語るときにまず頭に入れておかなくてはならないのは、その独特の形態だ。ペンギンは２本足で立っているように見え、脚が極端に短く見える。燕尾服を来たような体の模様のせいか、コミカルな人の姿に見えなくもない。

しかし、彼らは、厳密に言うと「立って」はいない。ペンギンの骨格図(図16)を見ると、それがよくわかる。股関節と膝関節を強く曲げた姿勢で、人間で言えば「しゃがんでいる」状態だ。すなわち、ペンギンは常にしゃがんでいる動物といえる。歩くときも、しゃがんでいるのだ。試しに、自分もしゃがんだまま歩いてみると、ペンギンのようにヨチヨチ歩きになってしまう。彼らのヨチヨチ歩きにはまず、そんな形態上の秘密があったのだ。

それを踏まえた上で、ペンギンの歩行が効率的でない理由を考えると、体の横揺れや回転が非常に大きい、ということがありそうだ。横揺れや回転という運動は、前に進むことを考えると、いかにも無駄な動作に見える。ところが、先の研究によれば、実はペンギンの場合は横揺れをしないとかえって効率が悪くなるという。二足歩行は運動エネルギーと位置エネルギーを効果的に変換して運動効率を高めていると先に述べたが、どうやらこのエネルギー変換を、ペンギンは横揺れ方向の動きで行っているらしい。

短足が最優先?

とすると、ペンギンの歩行が効率的でない理由は、もはや、その形態や姿勢に求めるしかなさそうだ。

たしかにペンギンの脚は短い。たとえば、現生ペンギンのなかで最大級のエンペラーペンギンは、体重20kgほどにもなり、これはオーストラリアの走鳥類であるレアとほぼ同じである。ところが、この2種の脚の長さを比べてみると、レアの股関節が約80㎝の高さなのに対し、エンペラーペンギンはたった30㎝ほどだ。体重は同じくらいだけれど、脚の長さは半分以下となれば、歩行効率が悪いのも無理はない。本章でもすでに繰り返し述べたとおり、脚が長いほど、一般的に歩く速度は速くなるし効率もよくなる。ペンギンの短い脚としゃがんだ姿勢が、歩くためにきわめて不適切であることは、もはや誰にも否定しようがない。

ペンギンの脚が短いのは、おそらく寒冷地で体温が奪われるのを防ぐためだろう。熱帯に棲むペンギンもいるにはいるが、極地に生息する多くのペンギンにとって、水中や地表で体温を奪われないようにすることは最重要課題だ。末梢部が長いと、体積あたりの表面積が大きくなってしまい、体温を奪われやすくなる。そのため、寒冷地に適応した動物ほど、耳などの突出部が小さくなる傾向があるのだ。

意外と歩くとはいえ、ペンギンはやはり、寒冷地で泳ぐ鳥なのだ。そして、そのために獲得された短い脚としゃがんだ姿勢を補うためには、体を左右に揺らしてヨチヨチ歩きをするほうが効果的なのである。

ホッピングする鳥たち

二足による移動の中で、鳥だけが行い、私たちヒトは行わない動きが、ホッピングだ。こ

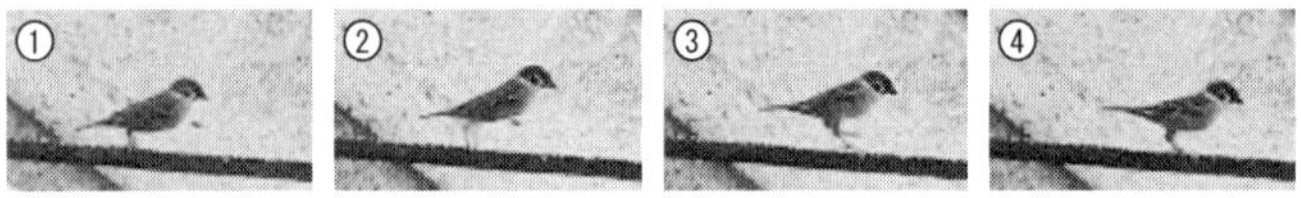

図 17　スズメのホッピング。左右の足がわずかにずれて着地している（写真③，ずれは約 1/120 秒）。

のホッピングという運動はやっかいで、どうして鳥たちにホッピングを行うものがいるのか、実はあまりわかっていない。

ホッピングは先述のように、両足をほぼそろえてジャンプする運動だ。身近な鳥では、スズメやメジロなどの小鳥類がホッピングを行うし（図17）、カラスも急ぐときにはホッピングをする。スズメは両足をそろえてジャンプしているが、両足を少しずらしてホッピングする種もいる。たとえばハシブトガラスなどは、体を少し斜にかまえ、左右の脚をちょっとずらして「タタン、タタン……」というリズムでホッピングを行う。この両者の本質的な違いは不明だ。それどころか、ホッピングと走行の違いすらわからないというから、歩行研究者として途方に暮れてしまう。

カササギという鳥は、ホッピングと走行をどちらも行うが、それぞれの動きを比べた研究では、走行とホッピングで、脚の動かし方や筋肉の動かし方がまったく同じだった。ホッピングも、走行と同様、高速で移動するときに行われ、腱のバネ的作用を活用して、運動エネルギーと弾性エネルギーを転換する運動様式だ。そして、両者の違いは、脚を交互に動かすか、ほぼそろえて動かすか、ということだけだったのである。

ホッピングと走るのとで、脚を動かすタイミング以外に相違点がないとなると、どうして一部の鳥だけがホッピングを行うのだろうか。

この問題は、残念ながらまだ科学的に解明されていないのだが、今のところのコンセンサスとしては、ホッピングを行う鳥には、比較的小型の種や、樹上性の強い種が多いと考えられている。いろいろな鳥たちを見ていると、たしかにホッピングは小型の鳥がよく行っている。また、樹上を好む鳥は、樹上で枝から枝へと両足をそろえてジャンプすることが多いため、地上でも同様に両足をそろえてジャンプすると言われると、なるほどと納得しそうになる。

＊

しかし、樹上ではホッピングを行い、地上では歩行を行っても一向にかまわないのではなかろうか。そのような使い分けを行わないのは、体の構造や生理学的な理由が何かあるはずだと思うのだが、この問題は謎のまま残されている。

一方、小型の鳥がホッピングを好む理由については、ホッピングが高速移動に適した運動であることで、部分的に説明できる。小型の鳥よりも大型の鳥のほうが歩幅を大きくできるので、一般に歩行速度は速い。小鳥が大型の鳥と同じ速さで移動しようとしたら、かなり急いで歩く必要がある。人間の場合でも、大人の歩く速度に子供が必死でついていこうと小走

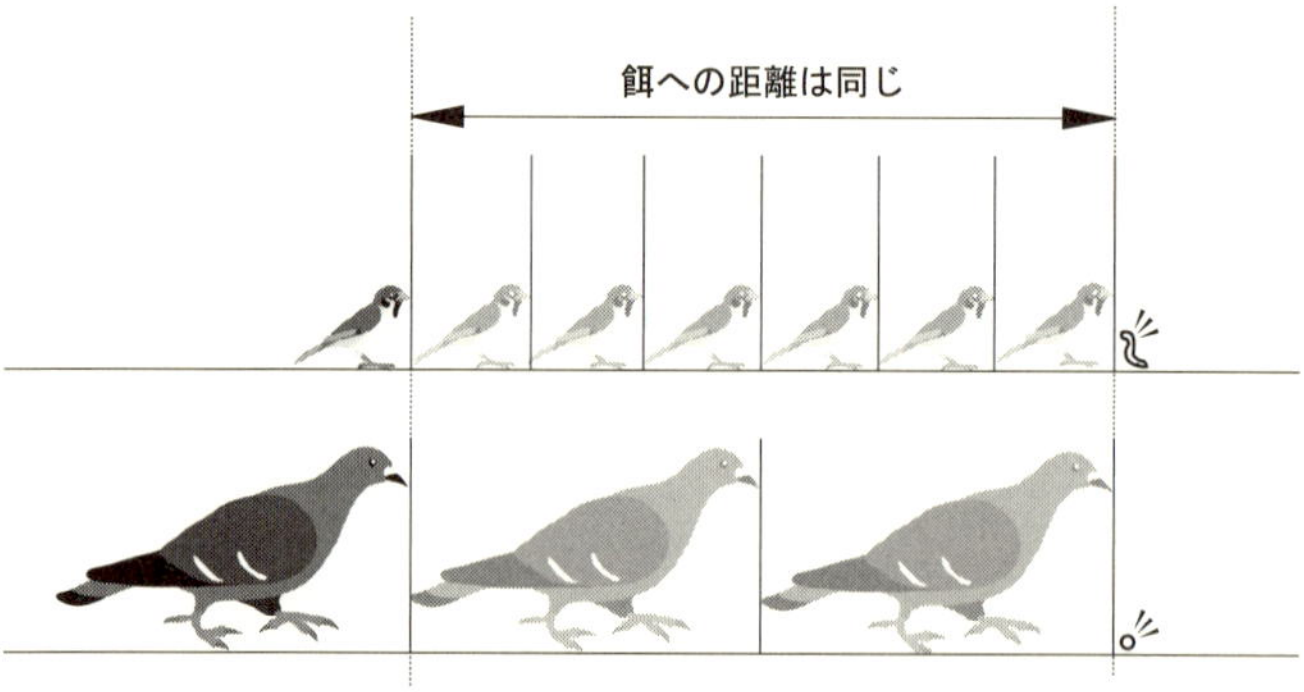

図18　ハトの体２つ分離れた距離に餌があったとする。体の小さなスズメにとっては，同じ距離が体６つ分となり，かなり遠くまで移動しなければ餌にたどりつけない。

りしている光景を街中で見かけることがある。これと同じように、小型の鳥は、体のサイズに比べて高速で移動する必要があると考えるのだ。

地面に落ちている種子をついばむハトとスズメを想像してみよう。同じ密度で餌が落ちていれば、ハトは数歩で次の餌にたどり着けるかもしれないが、小型のスズメでは相対的に遠い距離を移動しないと次の餌にありつけない(図18)。それならばちょっと急いで移動するというのも、ありうるかもしれない。

しかし、ホッピングと走行が同じ運動であるならば、どうして走行ではいけないのだろう。「小型の鳥は急いでいるから」という説明は、ホッピングを選好する理由として残念ながら不十分と言わざるを得ないようだ。これほど簡単な問いに、21世紀の科学が回答を提示できないというのは驚きだ。

トコトコ歩くスズメの不思議

なお、ホッピングの代表選手であるスズメも、実は歩くことがある。以前、いろいろな小鳥類に坂道を移動させる実験を行っていたとき、1羽のスズメが歩いているところを、偶然、ビデオに撮ることができた。木でつくった傾斜30度のスロープに飛来したスズメが、斜面の上にある餌箱に近づくために歩いたのである！　距離はおよそ20cmで、それを3歩で移動した。

つまり、スズメもトコトコと歩くことができ、実際に歩くことがあるのだ。スズメが普段は歩かない理由はまだわからないが、やろうと思えばできるし、傾斜面という特殊な状況下とはいえ、自発的に歩行を行ったという事実は注目に値する。とはいえ、スズメを何か月も撮影しつづけ、歩行を見られたのはこの1回だけなので、やはりスズメは歩行を基本的にはしない。やればできるけれど、普通はやらないのだ。

＊

ここまで、二足による移動といってもさまざまであること、そしてそのそれぞれにまだ多くの謎があることを紹介してきた。次章ではいよいよ、鳥の二足歩行における最大の謎、首振り歩きの秘密に迫っていこう。

●コラム　間子の七不思議

ある日、私のもとに、スズメに関するテレビ番組の取材があった。なんと、歩くスズメがいるというのである。「なに⁉」と私は耳を疑った。その方の話によれば、兵庫県中町(現在は多可町の一部)に間子《まこう》という地区があり、間子の七不思議という言い伝えがある。そのひとつに、「間子のスズメは歩く」という内容が含まれているのだ。

その記者によれば、「間子は昔から湿地が多く、地上ではホッピングを行いにくかったためにトコトコ歩くようになったのだろう」と言われているらしい。

もし、これが事実なら、いくつかの点で大変興味深い。

まず、「地表の状態によって、スズメは運動を変化させる」可能性があるということ。歩行やホッピングが、脚を動かして地表面に力を伝えることで行われる以上、路面の状態によって運動様式が変化するのは、大いにありうることである。湿地のように地表面がやわらかい状態で、ホッピングより歩行を行いやすいかどうかはきちんと考える必要があるだろうが、その可能性がないとは言い切れない。

もうひとつ興味深い点は、間子地区の地域個体群のみでウォーキングを行う形質が、遺伝的に保存されてきた可能性があることだ。もし先の話が事実なら、間子地区のスズメは過去に湿地での活動を通してウォーキングを獲得し、それが湿地の減った現在でも行われるということになるから、その形質が遺伝子に刻み込まれている可能性があるのだ。

いつか、自分自身の目で真実を確かめに、間子を訪れたい。本書の読者で、近隣にお住いの方がいらしたら、ぜひ徹底的に観察してみてほしい。

もっとも、伝説は伝説のまま、ただ楽しめばよいという考え方もあるので、確かめないままにしておくのも悪くはない。何よりも、たった7つしかない地域の不思議に、スズメの歩行がランクインしているなんて、それだけで大変なことだ。私はもう二度と、間子地区へ足を向けて寝ないぞと、心に固く誓った出来事であった。

3　ハトはなぜ首を振るのか？

首振りに心奪われた人々

　首振りが気になって仕方ないのは、何も最近の風潮ではない。ハトの首振り研究の歴史を振り返ってみると、意外に古く、最初の研究は１９３０年までさかのぼる。アメリカのダンラップとモウラーが、世界で初めて、ハトが歩く様子を側面から秒間30コマで撮影したのである。

「なんだ、撮影しただけか」と思ってはいけない。今でこそ、携帯やデジカメで高画質の動画が簡単に撮れてしまう時代だが、私が子供のころですら（１９８０年代）、一般家庭にビデオカメラなどなかった。たまに街中でテレビの撮影に出くわすと、友達と競って映ろうとしたものだ。それより半世紀も昔の１９３０年がどんなだったか、想像してみてほしい。世界で初めて連続撮影装置が開発されたのが、19世紀の終わりである。エドワード・マイブリッジという写真家が開発した装置で、カメラを並べて連続的にシャッターを切る仕組みを備えた、大掛かりな装置だ。これによって、運動を科学的に記録することが初めて可能になった。

そこから開発の進んだ撮影装置を用いて、運動の研究が花開いていくのだが、1930年代は、まだヒトの歩行研究すら黎明期であった。そんな時代に、わざわざハトの運動を研究しようというのだから、ごく控えめに表現したとしても、彼らがハトの首振りに対して並々ならぬ興味をもっていたことは疑いようがない。

頭を静止させる鳥たち

そんな彼らの熱意によって、ハトの歩行が世界で初めて撮影され、首振りに関する驚くべき事実が判明した。実は、ハトは歩きながら頭を静止させていたのである！　ハトが歩くと、体はおおむね一定の速度で前進する。体が前進しているのに頭を静止させるためには、首を曲げて縮めなければならない。首をある程度まで縮めると、今度は首を一気に伸ばして頭を前進させる。この動作の繰り返しが、歩行時の首振りの実態だったのである（図19）。

それでは、ハトはいったい何のために頭を静止させているのだろう。

頭を静止させると聞くと、なんだか特殊なことに思えるが、ハトに限らず多くの鳥類は、

パラパラ写真スタート！
ハトが歩きます。

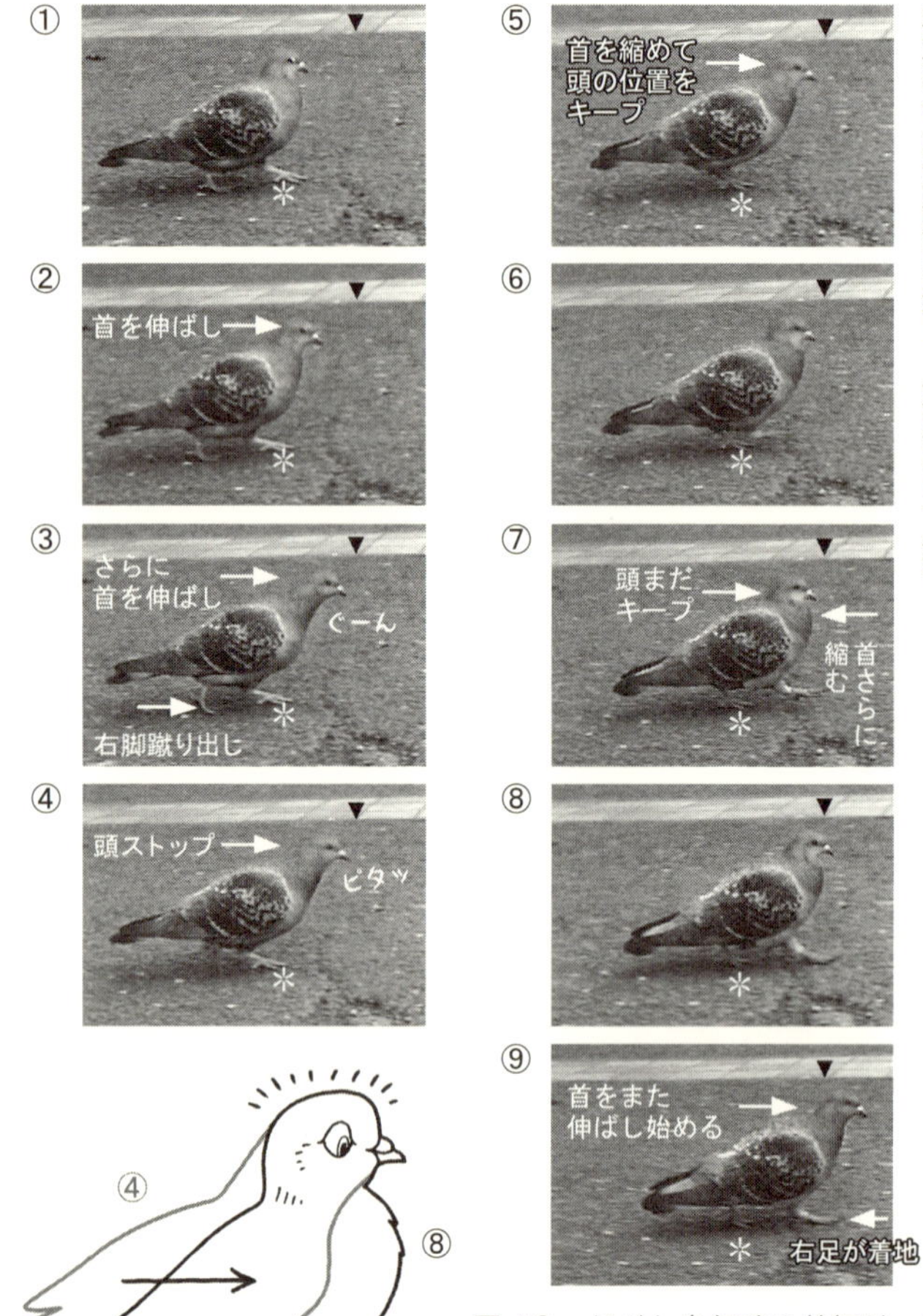

写真の▼は定位置を示し、左足は＊で示す

図 19　ドバト歩行時の首振り。①～④で首を伸ばして前進し，④～⑧で首を縮めて静止し(左のイラストも参照)，⑧～⑨では再び首を伸ばし始める。各コマ間は 1/30 秒。

頭をなるべく静止させようとする。何年か前に、インターネットの動画サイトで、ニワトリを手でもって動かしても頭は少しも動かないという動画が話題になった。体を前後左右に動かされても、空間に固定されているかのように頭をピタッと静止させるニワトリは、まるでCGのようで不可思議だ。しかし、多くの鳥たちは、現実にこうした動きをする。

先に述べたダンラップとモウラーによる1930年の論文では、このオモシロ実験を世界に先駆けて実施している。彼らは、単にハトを撮影しただけではなく、ニワトリやカモを手にもって上下左右に動かすときに頭を静止させていることも確かめた。どれだけ首振りに夢中なんだと、思わずツッコミを入れたくなるが、その結果は、ニワトリは前後の動きに対してよく頭を静止させ、カモは上下の動きに対して頭をよく静止させるというものだった。ご存じのとおりカモは、水面にプカプカと浮いて過ごす時間が長い。そのとき彼らは波に揺られて上下に動くことだろう。こうした普段の動きに対して、よく反応するのではないかというのが彼らの解釈だ。なるほど、たしかにそうかもしれない。いずれにしても、ハトやニワトリには頭を静止させようという性質があり、歩くときにも頭を静止させようとする結果、首を振るのである。

箱入りのハト実験

次なる問題は、何のために頭を静止させるのかということだ。ダンラップとモウラーの論文から半世紀近く時を経た1975年のこと、イギリスのフリードマンは、この疑問に答える鮮やかな実験を行った。実験に先立って、彼は、首振りを引き起こす条件として、3通りの可能性を考えた。

1つ目は、ハトにとって景色が移動することである。この景色の移動を目で見ることが刺激となって、首振りが起こるという考えだ。2つ目は、ハトが空間的に移動するときの加速度を感知し、これが首振りを引き起こすという考えである。3つ目は、脚と首の運動が、何らかのメカニズムでリンクしており、そのため歩行動作を行うと首も動くという考えだ。

この3つの可能性のうち、どれが首振りの要因であるかを確かめるため、フリードマンはジュズカケバトを箱に入れ、いろいろな条件のもとで歩かせた。まず、単純にハトを箱の中で歩かせてみる。ハトは箱の中で、通常と変わらぬ首振りを行った。それを確認したうえで、図20に示す実験を行った。

図20の(a)は、ハトの背中に棒をつけて天井に固定し、箱の下にはキャスターをつけておく。天井に固定されたハトは歩いても動かず、箱が後ろへと動く仕組みだ。ハトは空間的には動

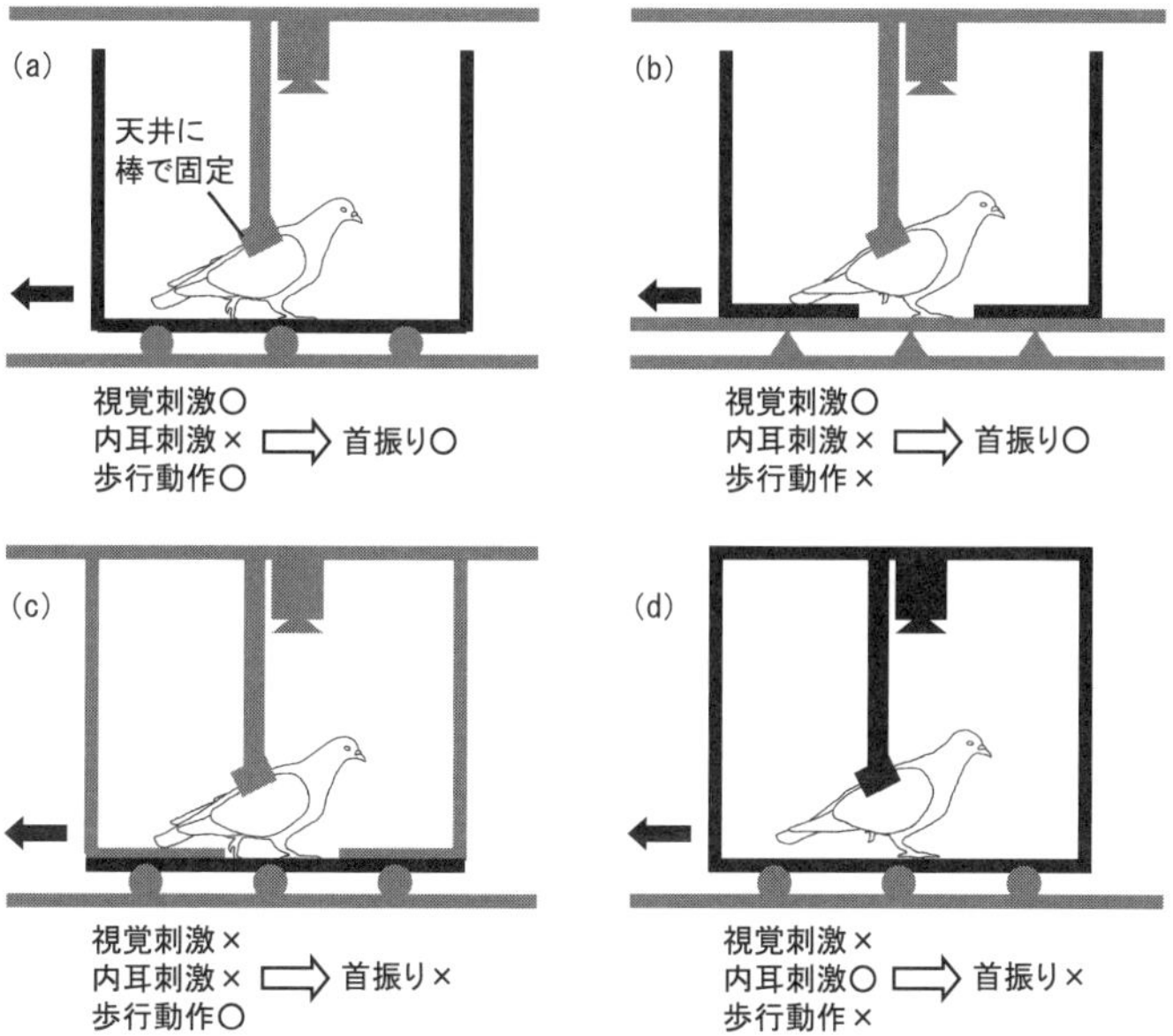

図 20　フリードマンの実験。黒で描かれた部分が動き，灰色の部分は静止している。箱の下の丸はキャスターで箱または床がスムーズに動く状態だが，三角形は床が固定されて動かない。

いていないのだが、歩く動作を行っているし、周りの箱が動けばハトには景色が動いているように見える。すると、ハトは首を振った。すなわち、歩く動作と景色の動きがあれば、ハトは首を振るのである。

(b)は、やはりハトを天井に固定してあるが、今度は足もとの床も動かない状態にして、箱の壁だけを動かす実験である。ハトは空間的に固定されており、歩かずにじっとしている。ところが、箱の壁が動くので、ハトには景色が動いて見える。すると、今度もハ

トは首を振った。歩いていなくとも、景色が動けばハトは首を振ることが示された。

ここまでの実験で、ハトが首を振る理由は視覚刺激とわかったようなものだが、念のため他の刺激は首振りを引き起こさないか確認しておこう。図20の(c)では、ハトも箱の壁も天井に固定されていて動かないが、足もと部分の床は動く仕組みになっている。この状態でハトが歩くと、ちょうど私たちがランニングマシンの上で歩いているように、足もとの床だけが動く。一生懸命歩くけれど、床だけが動いて前に進まないし、景色(箱の壁)も動かない。するとハトは首振りを行わなかった。つまり、歩くという動作そのものは、首振りを引き起こさないのである。

最後に、ハトの動きを止めて、空間的な移動のみによる影響を確かめよう。図20(d)は、ハトを箱ごと動かしてやる実験だ。ハトは立ち止まってじっとしているので歩行動作は行われず、景色となる箱もハトと一緒に動くので変わらない。でも、空間的にはハトは前進するので、内耳の三半規管は加速度を感じる。すると、ハトは首を振らなかった。空間的な移動も、首振りを引き起こさないという結果である。

これで謎は解けた。脚を動かすと首が動いてしまうわけでもなく、体の移動を感じるから首を動かすのでもなく、景色が動くから、ハトは首を振るのである。

頭の動きと眼の動き

景色が動くと、ハトは首を振る。もう少し詳しく言うと、ハトに対して景色が動くと、ハトは景色に対して頭を静止させようとして、首を動かすのである。これは、景色を目で追っているということだ。

景色を目で追うという動作は、私たちヒトも行っている。もちろん、私たちがハトのように首を振るわけではない。たとえば、電車やバスの車窓から、流れる景色を見ている人の目の動きに注目すると、彼らの目は、キョロキョロとせわしなく動いて景色を追っている。このキョロキョロとした目玉の動きこそ、ハトの首振りと同じ意味をもつのである。

なぜ、景色を目で追わなければならないのだろうか。それを考えるために、私たちがものを見る仕組みを少し考えてみよう。

私たちが物や景色に目を向けると、目のレンズを透過した光が眼球の内側にある網膜に像を結び、網膜を構成する視細胞を刺激する。この刺激は、電気的な信号となって視神経を通じて脳に伝えられ、脳で何らかの情報処理が行われ、私たちは物や景色を認識する。これは、デジタルカメラのレンズを透過した光が、画素子で電気的信号に変換されて画面に表示される仕組みとよく似ている。

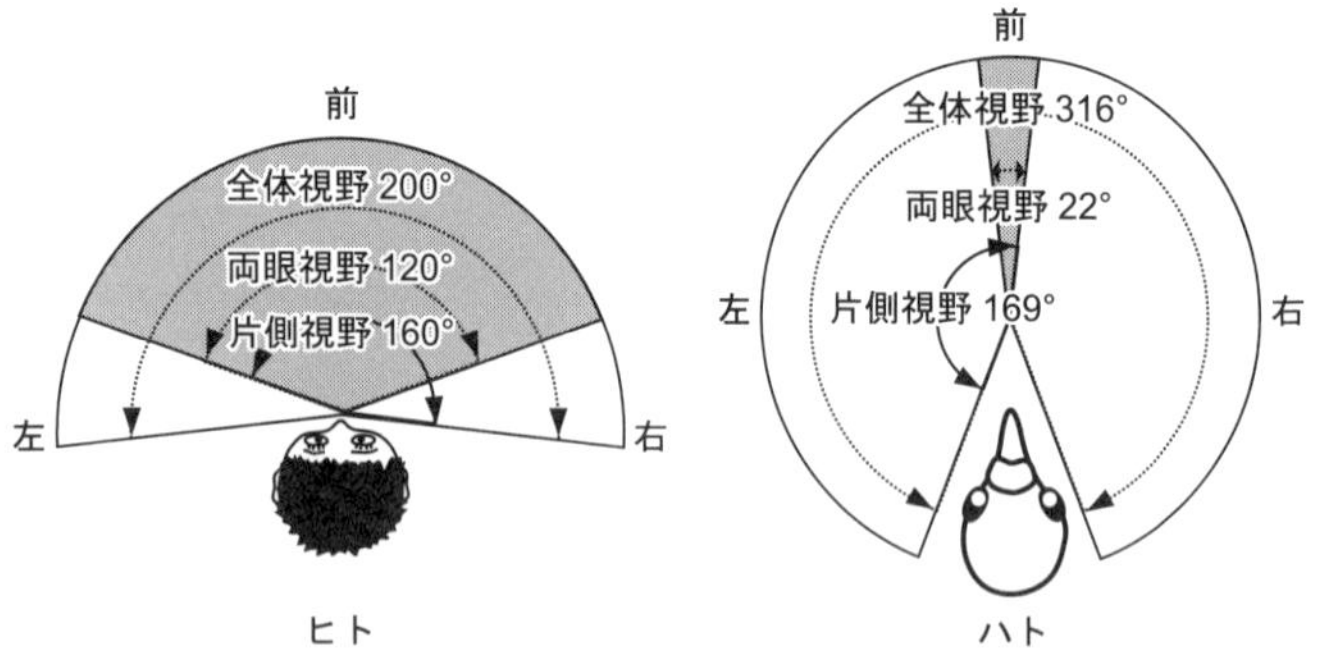

図 21　ヒト(左)とハト(右)の視野の比較。

それでは、カメラを動かしながら写真を撮ると、何がおこるだろうか。そう、「手ブレ」がおきてしまう。私たちの目も同じで、目に対して景色が動いていると、網膜に投影される映像が手ぶれ写真のように不鮮明になってしまう。そこで、車や電車の窓から流れる景色を見るときには、映像のブレを少なくしようと、無意識に流れる景色を目で追ってしまうのである。

ヒトは前を、ハトは横を

とはいえ、私たちヒトは、車窓の景色を見るときには目をキョロキョロ動かすが、普通に歩いているときには首も振らないし目もそれほど動かさない。これは、どうしてだろう。

この理由は、まず、私たちとハトの目の向きが違うことにある。ハトと私たちヒトを比べてみると、ハトの目は、横向きか斜め前方を向いているのに対し、私たち人間の目は前方を向いている（図21）。

目の向きが異なると、見える範囲がまず違う。片側の目だけだと、ヒトの場合には約１６０度の視野がある。左右の視野が重なる部分が１２０度くらいあって、全体としては約２００度の範囲が私たちには見えている。一方、ハトは、片側の目の視野は１６９度とヒトと大差ないが、全体としての視野はずっと広くて３１６度もある。図を見てもわかるとおり、真後ろ以外はおおむね見える。その代わり、左右の視野が重なる部分が小さく、たった22度しかない。

もっともよく見えるのは？

目が横を向いていると、当然ながら横がもっともよく見える。

私たちヒトの目では、視野の中心部分が一番よく見えるというのは、みなさんの経験からも明らかだろう。周辺視野も見えているが、一番はっきりと認識できるのは視野の中心あたりだ。これは、網膜に投影される視野の中心に「中心窩」という、特に視細胞が集中して密度の高い箇所があるためだ。視細胞の密度が高いということは、デジタルカメラの画素数が高いということと同じと考えてよく、より詳細な光情報を受けとることができる。

この中心窩と瞳孔を結んだ線を視軸といい、ヒトの場合には、視軸はおおむね正面を向い

ているが、ハトの視軸は側方を向いているのだ(図22)。もっとも、厳密にいうと、ハトの目には、前方の景色が投影されるあたりにも、視細胞の集中した箇所があり、ハトは視軸の向く左右に加えて、前方もかなりよく見えているらしい。ハトは、食物となる種子などを、目で見て口でついばむのだから、前方が見えないと不都合なのだろう。

とはいえ、もっとも見やすいのが左右であることに変わりはない。ハトを含む鳥たちが特に注意して物を見ようとするときには、片目で見ることでも、それがわかる。

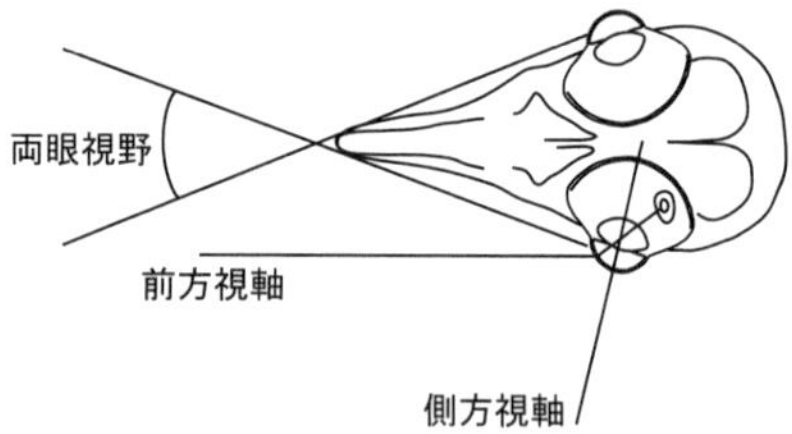

図22　ハトの視軸。前方の視軸も解像度が高いが，中心窩を通る側方の視軸がもっともよく見える。

見る方向と動く方向

視軸の向きが違うと、移動するときに生じる景色の動き方も違ってくる。私たちヒトが前に歩くと、景色は目に対して迫ってくるように動く(図23左)。このとき、景色は視野の中心から周囲に向かって広がるように展開していく。この場合、景色の中で注目している場所は、近づくにつれて大きくなっていくものの、ずっと視野の中心付近にある。注目している場所の大きさは変わるけれど、視野の中心にあり続けるので、ずっと同じところを見ていればよ

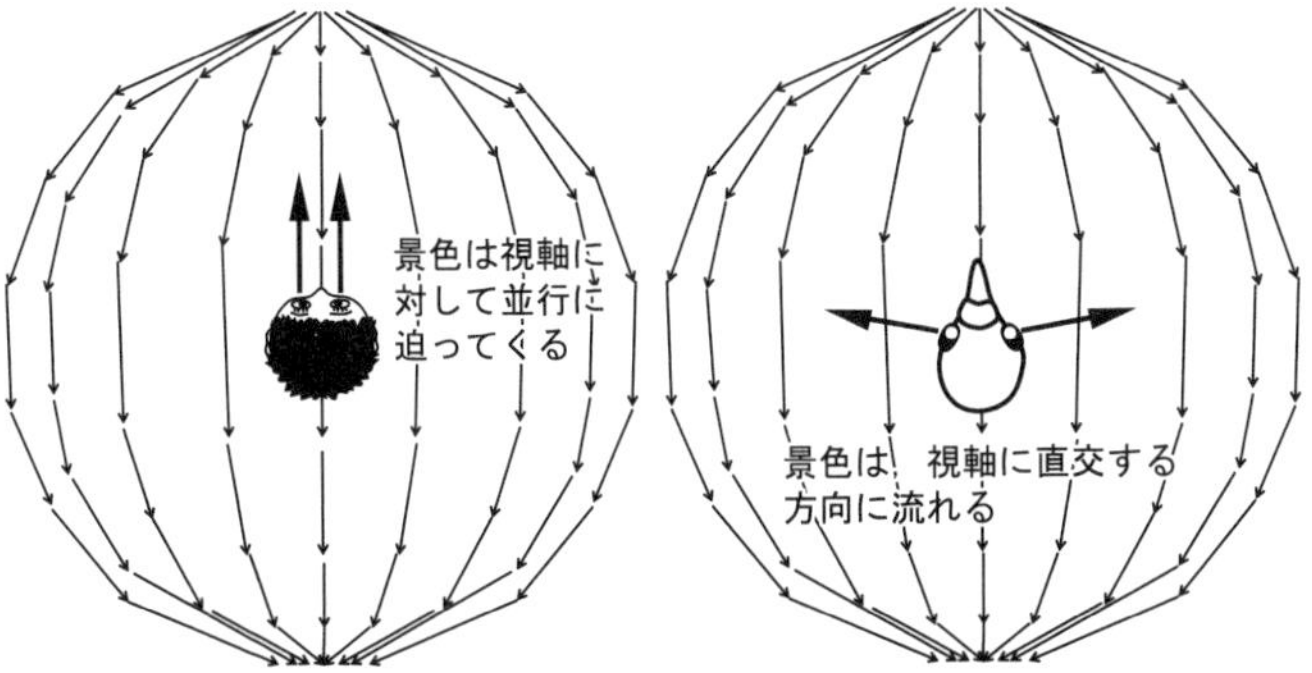
景色は視軸に
対して並行に
迫ってくる
景色は，視軸に直交する
方向に流れる

図 23 ヒト(左)とハト(右)が前進したときの景色の動き。視線の方向を太い矢印で，景色の動きを細い矢印であらわす。

い。

ところが、鳥のように目が横を向いていると、景色は視軸に対して直行する方向に動く。これでは、注目している部分は前から後ろへと常に移動してしまう(図23右)。移動してしまうのだから、それを見ようとすれば目を動かさなければならない。

私たちが前に進むときに、首も振らないし目玉もキヨロキョロさせない理由は、前を見ているから、というわけだ。もう一度、バスや電車の車窓から景色をみるところを想像してみると、このとき、私たちはハトと同じように横を見ている。前に進みながら横を見ているので、ハトが歩くときと同じように、視軸と直交する方向に景色が移動する。すると私たちだって、景色を眼で追わなければならないのだ。

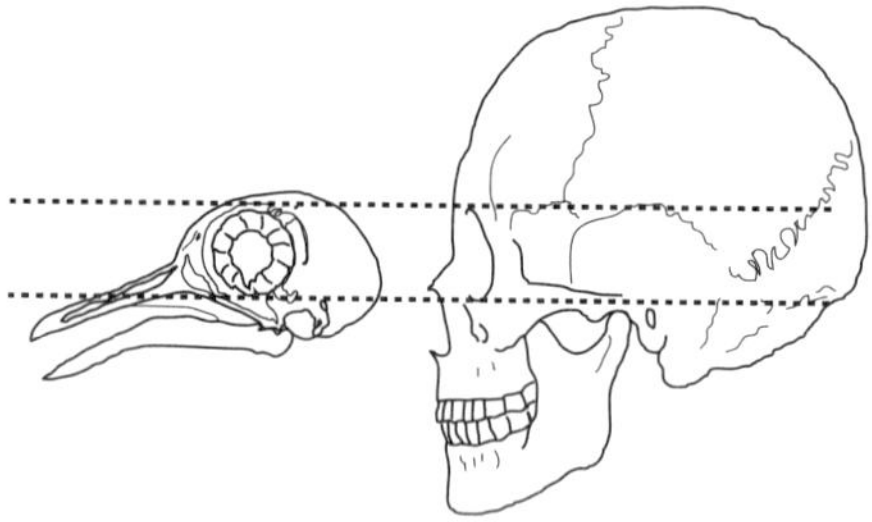

図 24　ハト（左）とヒト（右）の頭骨。眼窩のサイズをそろえてある。目玉のサイズに比して，ハトの頭骨がいかに小さいかがよくわかる。

鳥の目はキョロキョロしない

それでは、どうして鳥たちは、私たちのように目玉をキョロキョロさせないのだろう。わざわざ頭を動かすより、目玉を動かすほうがエネルギーも節約できそうに思える。

その秘密は、眼球の大きさと形にある。

私たちヒトの眼球は、ピンポン玉のように球形をしていて、眼窩の中にすっぽり納まっている。眼球と眼窩の間には、眼球を動かすための筋肉が発達し、これが収縮して眼球をいろいろな方向に引っ張ることで、くるくると目玉を動かすことができる。

それに対して鳥類の眼球は、頭の大きさに比べて非常に大きい（図24）。形も、球形というよりは、やや平たい形をしている。球形でなければ、動かすのは難しくなるのは当然のことだ。それに、大きい眼球を動かすためには、眼球を動かすための筋肉も発達していなければならないが、鳥類では、この筋肉はそれほど発達していないのである。

鳥たちがこれほど大きな眼球をもっているのは、空を飛ぶことと深いかかわりがある。鳥たちは空を飛び、樹の上で巣をつくったり、ものを食べたりするが、そうした彼らの生活にとって、視覚は重要な情報源となるのだ。

視覚情報をより正確に得るためには、眼球が大きいほうがよい。眼球が大きいと、それだけ網膜も大きくなり、視細胞を増やすことができる。デジタルカメラの画素数が大きいと、細かい画像が撮影できるように、視細胞が多いほど細部まで認識できる。だから、ほかの条件が同じなら、眼球が大きいほどよく見える。

眼球が大きくなれば、それを動かすための筋肉も強大でなければならない。しかし鳥には、空を飛ぶために体が軽くなければならないという制約がある。そしてまた、飛んでいる時の体の安定性も重要だ。体から突出した頭部が重ければ、頭の位置を変えるたびに体の重さの分布が大きく変化するので、バランスをとるのが難しくなる。それを避けるために、頭部を軽量化し、重いものはなるべく体の中心に集めてしまおうという設計が、鳥の体つきには見てとれる。顎が歯を失い、華奢なくちばしとなっていることもその一例だ。

結果として、鳥類の眼球は、頭の大きさに対して不釣合いに大きい。これでは、眼球を私たちヒトのようにキョロキョロと動かすことはできなくても、無理はない。実際のところ、まったく眼球が動かないわけではないが、私たちに比べると、その程度はずっと小さい。

眼球が動かないなら、首を動かせばいいじゃない

眼球を動かすことができなければ、景色を追うことができなくなり、困ったことになる。景色を見るのをあきらめるという手もあるが、それでは何のために眼球を大きくしたのかわからない。そこで、発想の転換だ。眼球が動かないなら、首を動かせばいいじゃない。小さな眼球を動かすよりコストがかかるとしても、眼球の代わりに首を動かすのは、やってできないことはない。

幸いにも、鳥の首は長くてよく動く。首の骨の数だって、私たち哺乳類よりずっと多い。哺乳類の世界では、なぜか首の骨の数は7個と決まっていて、進化の過程で数の増減が起こらなかった(ナマケモノの仲間などいくつかの種は例外だが)。首の長いキリンもやはり、首の骨は7個だ(図25)。ところが、鳥の世界では、そんなの知ったことかとばかりに、首の骨の数が種によって異なっている。12個~13個が一般的だが、ハクチョウでは23個もある。これだけ骨が多いと、首をかなり自由自在に動かすことができる。

鳥たちの首がどれほどよく動くのかは、羽づくろいの様子を見ればわかる。彼らは、首をぐいっと曲げて、くちばしを尾の付け根にある皮脂腺までもっていき、そこから分泌される油をくちばしにつけ、さらに体中の羽毛にぬりつつ羽根の乱れを整える。首が長くて本当に

よく動くから、尾の付け根にもくちばしがとどくし、全身の羽毛を整えることができるのだ。眼球が動かなければ、首を動かせばいいじゃないと先ほど言ったが、実は、首がよく動くなら眼球なんて動かさなくてもいいじゃない、と言ってもよいかもしれない。首がよく動くから、頭骨の割に大きな眼球を発達させることができたという可能性もある。素人ながら恐竜類の復元図を見ていると、十分な飛翔性を獲得する前に、鳥類の祖先は長い首と小さな頭部をそなえているようにも見える。どちらが先で、どちらが後か、私にはよくわからない。

ともかく、首振りを考えるうえで重要なのは、鳥が空を飛ぶ動物であり、長くてよく動く首と、頭のサイズに不釣り合いな大きさであまり動かない眼球を、セットでもっていること

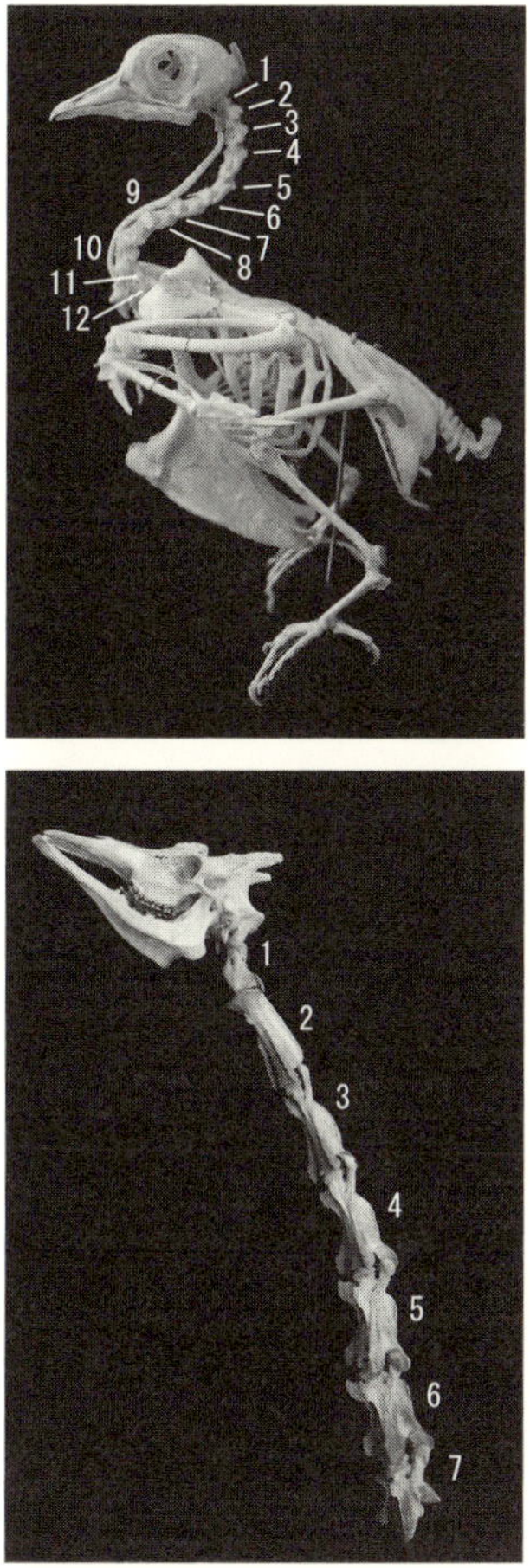

図25　ズアカアオバト（上）とアミメキリンの首（下）の骨格。首の骨（頸椎）に番号をふってある。

だ。こうした特徴をもっているからこそ、鳥たちは首を振って景色を追うのである。

首振りで奥行きを知る?

網膜にうつる映像のブレを防ぐだけでなく、首振りにもう少し積極的な意味を見出そうという考え方もある。たとえば、首振りが奥行き知覚と関係しているというアイデアだ。

奥行き知覚を得る仕組みは簡単ではないのだが、ヒトの場合には、左右の目で見ることも一役かっている。右の目と左の目は位置が違うので、同じものを見ていても、少しずつ別の角度から見ることになる。右目と左目を交互につむってみると、左右の目で微妙に見え方が異なるはずだ。その違いは、近くのものほど顕著だし、遠くのものほど違いは少なくなる。この違いの大きさが、奥行き感覚につながるのである。

鳥の場合はどうだろうか。多くの鳥は目が左右を向いているため、視野の重なりが小さいことは、すでに紹介したとおりだ。そこで、多くの鳥が、奥行き感覚をつかむための方法として首振りを採用している、という仮説が提案されているのである。先述のとおり、首振りは移動中のある点で景色をしっかり見て、一息に移動して再び景色をしっかり見るということを繰り返す。これは、複数の地点から景色を見ていることと同じと捉えることができる。2点から見た映像のうち、はじめに見た映像を人間の右目でみる映像、次にみた映像を人間の左目でみる映像に置き換えると、まさにヒトの両眼視と同じ役割があると考えるわけだ。

このアイデアの背景には、歩行時だけでなく飛翔していたハトが着地をするときに、首振りを頻繁に行うという観察がある。着地のときには枝との距離をきちんと把握しないといけないので、この行動は奥行きを測っているのだろう、というわけだ。たしかに、こうした可能性は大いに考えられ、多くの研究者がこの仮説を支持している。

首振りと歩き方

さて、ここまで、視覚にかかわる首振りの機能について、かなり詳しく紹介してきた。ちょっとマニアックすぎて、もうそろそろ首振りの話はお腹いっぱいかもしれないが、ハトの首振りには、さらなる深淵がある。それは、首振りと歩き方との関係だ。

「ちょっと待て、ハトは歩く動作だけでは首振りはしないって、フリードマンの実験で示されたじゃないか」と思った方もいるかもしれない。それはそうなのだが、よく考えてみると、彼の実験結果は「歩行と首振りが無関係である」ということを示しているわけではない。首を振らない歩き方が可能なことを示しただけだ。もしかすると、首を振らないときの歩き方やエネルギー効率は、首を振る場合とは異なるかもしれない。フリードマンの実験では、そのあたりは何も検討していないので、歩行と首振りが無関係であると示されたとは言えな

いのである。

さらに言えば、「景色が動くとハトは首を振る」という仮説と、「首振りと歩き方に関連がある」という仮説は、どちらか一方が成り立てば、他方は否定されるというものではない。首振りは、景色が動くときに行われ、かつ、歩き方にも関係があってよいはずだ。だが、ハトの首振り研究史を振り返ってみると、フリードマンの研究以後、「首振り＝視覚的動作」と位置づけられ、歩き方との関係はほとんど注目されなくなってしまった。

1歩に1回、その理由

そこで、もう一度、歩き方に注目してハトを見てみると、首振りは1歩につき1回、しかも決まったタイミングで行われている。ハトだけでなく、ニワトリやサギなど、他の多くの鳥でも同じだ。

首の動きと脚の動くタイミングがこのように決まっているのは、両者に何か関係があると考えないと説明できない。

首と脚の動きが関係するように見えるのは、まっすぐ歩くときだけでなく、求愛動作や方向転換をするときにもみられる。たとえば、ドバトの求愛では、足踏みをしながら頭を上下に動かすダンスが行われる。このとき、頭は時々静止し、そのタイミングは、脚の1ステップあたり1回だけ静止する。

このように脚の動きと首の動きが一致するのは、動物が体を動かすときの神経制御システムのせいではないかと考えられている。

鳥に限らず、動物の体には驚くほど多くの関節があり、それを動かすたくさんの筋肉がある。ハトの首の場合には、頸椎の数は13個、それを動かす筋肉はおよそ２００個にのぼる。２００個もの筋肉を、同時に制御しながら首を適切に動かすことを想像してみてほしい。それも、歩きながら頭を静止させるとなると、景色の動く速度に合わせて頭部を静止させなければならない。ひとつひとつの筋肉を個別に制御していたのでは、脳がいくら素晴らしい情報処理能力をもっていたとしても、とても計算しきれない。

同じことは、私たちの歩行にだって言える。平地での単調な歩行なら、ゼンマイ仕掛けのおもちゃにだってできるかもしれないが、ちょっとした段差に気づいて、少し足を高めにあげてつまずかないようにするとか、ぬかるみでズルっと滑ったところを転ばないようにバランスをとりつつ次の足を出す、といったことを、私たちは当たり前のように、瞬時に判断して行っている。脚や体全体にある膨大な数の筋肉をたくみに収縮させて、転ばないように歩き続けることは、考えてみるとすごく大変なことのはずだ。

このような大変なことを、私たちはどのように実現しているのか、昔から不思議に思われ

てきた。最近になってわかってきたことは、歩行のような周期的な運動の場合には、中枢神経系が基本となるリズム信号を一群の筋肉に与え、その信号に合わせて個々の筋肉が収縮するシステムがあるらしいことだ。ここではそのシステムの詳細には立ち入らないが、このような制御システムのもとで私たちの体が動いていることは、簡単な実験によって知ることができる。

たとえば、右手と左手で同時に、繰り返し机をたたいてみよう。簡単にできる。右手と左手で交互に机をたたくのも簡単だ。ところが、右手で3回机をたたく間に、左手で2回机をたたくとしたらどうだろうか。多くの人にとって、これは非常に難しい動作となる。右手と左手がまったく独立に制御されているならば簡単なはずなのに、やってみると案外、難しい。こうした動作が難しいのは、共通する一定のリズム信号が中枢神経から左右の手(腕)に送られ、この信号に基づいて右手と左手が制御されているからに他ならない。

この例と同じように、鳥の首振りと脚の動きも、中枢神経系からの同じリズム信号によって制御されているとしたら、どうだろう。首と脚を、まったく無関係に動かすというのは難しく、反対に両者を同じ周期で動かすのは簡単なのもうなずける。歩くときに、脚の動きに合わせて、1歩につき1回首を振る理由は、これで説明できそうだ。

1歩の長さと首の1振り

しかし、もう少し考えてみよう。私たちは右手で2回机をたたく間に、左手で1回机をたたくこともできる。右手で3回たたく間に、左で1回たたくのも難しくない。すると、ハトの首振りだって、2歩につき1回首を振るとか、3歩につき1回首を振るなどといったバリエーションがあってもおかしくないではないか。

首振りのそうしたバリエーションを、私は実際に観察したことがある。ミゾゴイやムラサキサギというサギの仲間は、とてもゆっくり歩くときには、2歩あるく間に1回しか首を振らなかったし、セイタカシギという鳥は、1歩あるく間に2回首を振っていた。まったく自由に首を振ることができるわけではないが、ある程度のバリエーションは、やはり可能なのである。それにもかかわらず、多くの鳥で同じような首の振り方が好まれるのは、なぜだろうか？

ひとつの可能性としては、鳥の首の動く範囲と、歩幅の関係が考えられる。首を振るということは、体が前進している間に、体の前進に合わせて首を曲げながら頭を静止させることだ。首を動かせる範囲が歩幅に比して広かったら、首を静止したまま何歩も前進することができるだろう。逆に、歩幅に比して首を動かせる範囲が狭ければ、首は1歩あたり2回とか

3回とか頻繁に前進させなければならない。

歩幅は脚の長さでだいたい決まるし、首の動く範囲は首の長さと柔軟性によって決まる。そう思って鳥たちを見てみると、首の長い鳥は、脚も長い傾向がある。首の長さと脚の長さがおおむね同じならば、1歩につき1回首を振るのがもっとも都合よくなるのもうなずける。首振りのタイミングにたくさんのバリエーションが可能な中で、1歩に1振りが好まれる理由は、これで部分的に説明できそうだ。

首振りと重心移動

もうひとつの回答は、バランスの問題だ。ハトの首振りを見ていると、「バランスをとっているのではないか？」と誰しも感じることがあるだろう。私もそう感じたし、1970年代には、ハトが首を前に伸ばすことで体の重心を前の方に移動し、前に出した足に重心がのる時間を早めることで体を安定させているのではないか、と考えた研究者もいた。ただ、残念なことに、この仮説を誰もきちんと確かめようとしなかった。

そこで私は、ハトが歩くときの重心の移動を調べてみた。ハトの遺体をさまざまな姿勢にして重心位置をはかり、それに基づいて、ハトが歩くときの重心位置を、ビデオ画面上で計算してみたのである。

すると、首を伸ばすことで重心は前に移動するのだが、その距離はわずか2～3㎜だった。頭と首が軽いために、首を伸ばしたところで、たいして重心の位置は変わらないのだ。数㎜の変化で、前に出した足に重心がのるタイミングがどのくらい早くなるかを計算すると、たったの1／60秒程度。これでは、首振りによって足の上に重心がのっている時間が長くなり、歩行が安定するとは、ちょっと考えられない。

そこで次に、ハトとはプロポーションの大きく違うコサギでも調べてみた。首の長いコサギだったら、かなり重心位置への影響があるのではないかと考えたのだ。ところが、首と脚がたいへん長いコサギでも、重心移動や首振り、歩き方のタイミングはハトとほとんど変わらなかった。

最初はがっかりしたが、気を取り直して考えてみると、違いがないというのは、けっこう重要なことだ。ハトとコサギでは、脚の長さも首の長さも、驚くほど違う。それにもかかわらず、同じタイミングで首振りをしているならば、そこにはきっと何か重要な理由があるはずだ。そこで、体の動かし方と重心位置の関係を、もう一度よく調べてみると、頭部を静止させる瞬間と足に重心がのる瞬間、そして頭を動かし始める瞬間と重心が足からはずれる瞬間が一致していることに気づいた(図26)。この関係は、脚の長いコサギでも、脚の短いハトでも、まったく同じなのである。

頭の停止とゆっくり歩き

特筆すべきは、片脚立ちの間、頭が静止していることである。片足の間は、当たり前だけれど片足で体を支えなければならないので力がいるし、足の上に重心がないとバランスを崩してしまう。また、両足をついているときより重心位置も高くなるため、体が不安定な状態になる。平衡感覚器である内耳の三半規管や、平衡感覚に深くかかわる視覚器はいずれも頭部にあるので、この時に頭を静止させることは、姿勢の維持にとって重要なのかもしれない。すなわち、鳥の首振りは、片脚立ちでいる間のバランスをとりやすくするタイミングで行わ

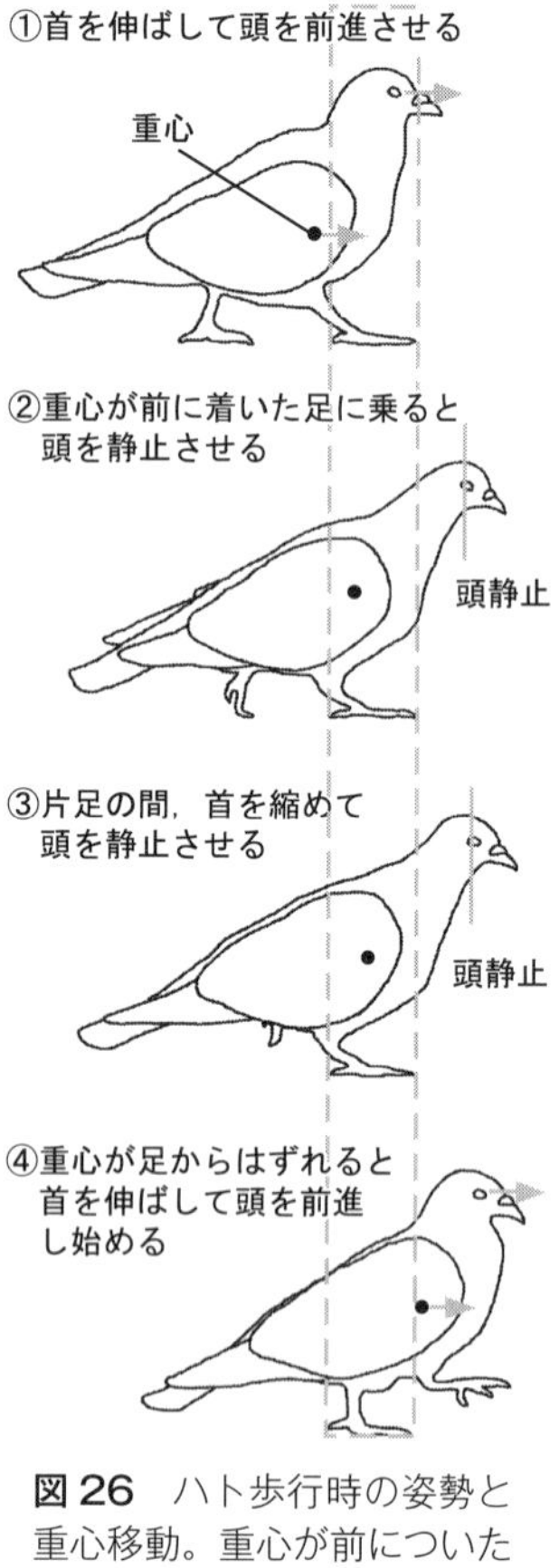
①首を伸ばして頭を前進させる
重心
②重心が前に着いた足に乗ると
頭を静止させる
頭静止
③片足の間，首を縮めて
頭を静止させる
頭静止
④重心が足からはずれると
首を伸ばして頭を前進
し始める

図 26　ハト歩行時の姿勢と重心移動。重心が前についた足に乗ると，頭(目)を静止させる。片脚立ちの間，首を縮めて頭を静止させ，重心が足からはずれると，首を伸ばして頭を前進させる。

れている可能性がある。

このような歩き方は、特にゆっくりと歩く場合に効果的だ。速く歩いているときには、一歩ごとの安定性が多少おろそかでも、連続して体を動かすことによってある程度の安定性が保たれるが、ゆっくり歩くときには、歩行のあらゆるタイミングで姿勢が安定している必要がある。

鳥たちの歩き方を見ていると、特に脚の長い渉禽類では、非常にゆっくりと歩き続けることがある。畑で採食するムラサキサギなど、ときには動いているかどうか、注目してもよくわからないほどだ。キジやニワトリ、ハトなどの身近な鳥たちも、歩いている途中に片足で立ち止まることがある。私たちは絶対にやらないが、鳥たちにとっては何も難しいことではないようだ。こうした歩き方ができるのは、片脚立ちをしているあいだ、体が安定していることを物語っている。

首振りで回転ストップ?

首振り歩きのさらなるポイントは、両足が地面についているときには頭が前進している、ということだ。これは、後ろに伸ばした脚で地面を強く蹴って推進力を得ているときに、首を伸ばしていることを意味する。このタイミングで首を伸ばすと、地面を蹴るときに生じて

しまう体の回転を、軽減することができるのだ。

鳥でもヒトでも、脚は左右についている。そのため、たとえば右足で地面を蹴る場合には、体の中心にある重心より右側に力が加わることになる。すると、重心を中心とした回転方向の力がかかり、体が回転してしまう。次に左足で地面を蹴る場合には、今度は左側に強い力が加わり、逆方向に回転してしまう。言うまでもなく、回転は前に進むことを考えれば無駄な動きだ。地面を蹴るたびに、体がぐるんぐるんと方向を変えて回転したとすれば、運動の効率も悪くなるし、体の安定性も悪くなってしまう。

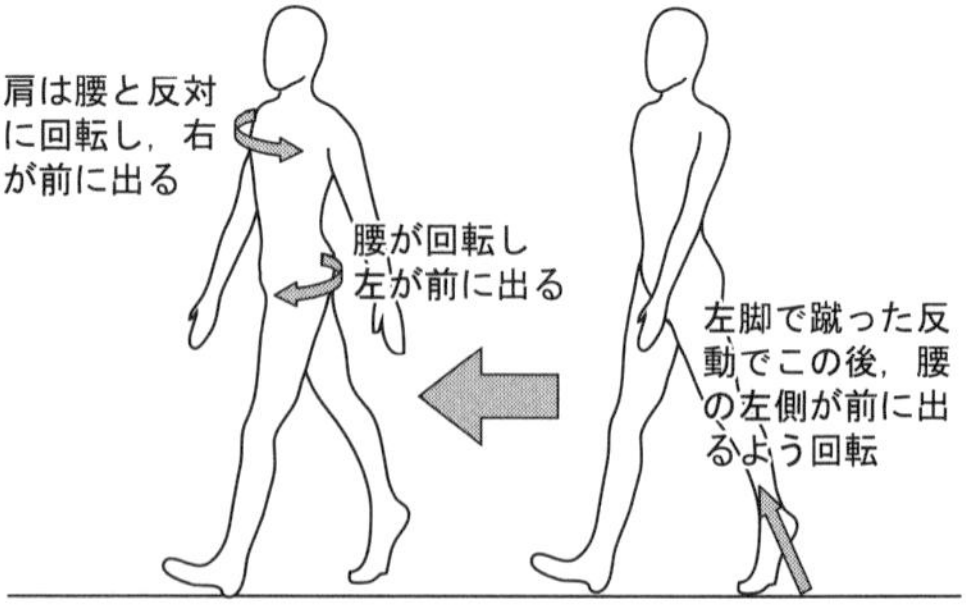
肩は腰と反対に回転し，右が前に出る
腰が回転し左が前に出る
左脚で蹴った反動でこの後，腰の左側が前に出るよう回転

図 27　ヒトの歩行。左足で地面を蹴った反動で腰が回転し，腰の左側を前に出しながら前進する。このとき，肩を反対に回転させることがカウンターバランスとなって，腰の回転を小さくすることができ，歩行姿勢が安定する。

ヒトの場合にも条件は同じだが、ヒトは、腰の回転に合わせて肩を逆方向に回転させることで、カウンターバランスとしてうまく回転の運動を打ち消している（図27）。私たちが歩くときに、右腕と左脚、左腕と右脚と、それぞれ反対の腕と脚を前に出すと歩きやすいのは、この腰の回転と肩の回転方向が常に逆になっているためだ。私たちヒトは、直立しているから体幹の回転でカウンターバランスをとれるが、直立していない鳥たちは、どのように回転運動を打ち消せばよいだろうか。

そう、首振りだ。回転運動の打ち消しという観点からみると、鳥は実にうまいタイミングで首を伸ばしている。首を伸ばすと、体が前後方向に長くなる。質量が同じなら、長いもののほうが、短いものより回転しにくい。たとえばシーソーなら、支点から遠い端のほうに座るほど、反対側から持ち上げる（支点を中心にシーソーを回転させる）のに大きな力が必要になるだろう。それと同じことである。地面を蹴って大きな力が加わるときに、首を伸ばして体が伸びていれば、回転しにくくなって無駄な回転をしなくてすみ、エネルギー効率も体の安定性も増加する、というわけだ。

ハト首振りの謎、とりあえずのまとめ

ここまでで、ハトの首振りのメカニズムについて紹介してきた。おさらいしておくと、首振りには、第一に視覚的な理由がある。鳥の目は横を向いているので、彼らが歩くと、景色は視軸に直交する向きに流れる。その景色を目で追う必要がある一方、鳥の眼球は、大きく形もやや扁平でキョロキョロ動かしにくいから、頭を景色に対して静止させる。それが、首振りである。

さらに、1歩に1回、しかも特定のタイミングで振る理由は、歩くという動作との関係にありそうだ。1歩に何回首を振りうるのかは首の長さと歩幅との関係によって決まり、さらに、神経系が脚と首の動きを同時に制御するにあたっての制約がある。そしてまた、首振りは、歩くときのバランスをとるうえでも最適なタイミングで行われている。

いろいろな鳥たちが、いつも判で押したように決まったタイミングで首を振って歩くのには、案外、複雑な理由があったのである。

●コラム　首振りとの運命の出会い

そもそも私がハトの首振りを研究し始めたのは、あまりにも多くの友人たちから、それを問われたためだ。私事で恐縮だが、私はもともと大学でヒトの二足歩行の進化を研究している先生のもとで学んでいた。もちろん、ヒトの進化に興味があったからだ。だが、それ以前に動物がとても好きだった。子供のころから魚を捕まえたり、カエルやカメ、小鳥などの動物を飼育したりするのが好きだった。大学生になってからは、バードウォッチングによく出かけたし、趣味で骨格標本を作製したりもしていた。何となく動物が好きで、動物の研究ができたら楽しいだろうなと思いながら、大学で専攻したのが、人類学という学問分野だった。だが、ひとつ大きな誤算があった。人類学という名がついていると、ヒトの研究をしなくては許されないような雰囲気が、何となくあるのだ。それはそうだ。鳥の研究をしていて人類学ですと言う勇気は私にもない。ヒトに近縁なサルならば研究してもよさそうだったが、サルを観察するのは簡単ではなかった。何度かサルを見に山へ足を運んだりしてみたが、なかなかうまい研究テーマを思いつかない。そこで、どうしようと悩みながら、半ば現実逃避でバードウォッチングに出かけることもしばしばあった。

　そんなある日、ふと気づくと、私の大好きな鳥たちは、みんな二本足で歩いていた。なんだ、何も苦労して遠くに出かけるより、目の前のこの動物を調べると、ずっとラクちんで、ずっと面白いのではないかと思った次第である。調べてみると、予想外に鳥の歩行研究は少なかった。誰もやっていない研究というのも、気に入った。みんながやっている研究を、何も自分がやる必要はない。面白いけれど誰もやっていないことにこそ、取り組む価値があると思った。そんなわけで、よし、ひとつ鳥の歩行を研究してみようと思い、手始めに、鳥の歩き方にはどんな特徴があるかを調べ始めたのである。

　そのころ、友人たちも同じく研究テーマに頭を悩ませていた。友人どうしでよく、お互いの研究の進展を話し合ったり、時にはうまくいかないことをなぐさめあったりしたものだ。そんなときに、「鳥の歩行を研究してみようと思う」というと、決まってみんな、ハトの首振りの理由を問うのだった。

　誰もかれもが口をそろえて首振りの理由を知りたがる。そんなにみんな、首振りに興味が

あるのかと驚いた。私自身は、実のところそれほど首振りに興味はなかった(もちろん今は誰よりも強い興味をもっている)。だが、誰もが首振りの理由を聞くのなら、それをまず研究してやろうじゃないかと、ふと思った。正直に言って、遊び半分だったことは否定しない。遊び半分に始めた研究を、10年以上も続けることになるとは思ってもいなかった。

だが、どんなことでも真剣に取り組むと、思いがけない深みにハマっていくものである。研究してみると、鳥の首振りには、驚くほどイロイロな理由があった。次の章では、そんな謎解きの旅の続きをご紹介しよう。

4 カモはなぜ首を振らないのか？

ところでみなさんは、首を振らずに歩く鳥がいることをご存じだろうか。カモの仲間やカモメの仲間などは、たいてい首を振らずに歩く。彼らは、どうして首を振らないのだろう。「ハトはなぜ首を振って歩くのか？」と、「カモはなぜ首を振らずに歩くのか？」は、一見すると同じような疑問なのに、後者はなぜか奇妙に聞こえる。少なくとも私は、カモが首を振らない理由を気にする人に会ったことがない。ハトが首を振る理由は気になる人がたくさんいるのに、どうしてなのだろう。

それはおそらく、私たち人間が歩くときに首を振らないからだ。私たちは、自分と違うことをする者に対しては、「なぜそんなふるまいをするのか」と奇妙に感じるが、自分と同じことをする者は気にとめない。だから、「私たちヒトと違って」首を振って歩くハトは気になるし、「私たちヒトと同じように」首を振らずに歩くカモは気にならないのだろう。

しかし、カモとヒトでは、大きさも体つきも違うし、系統的にも大きく離れている。単に

首を前後に振らないという理由だけで、私たちヒトとカモの歩き方が「同じ」と言ってしまうのは、どう考えてもおかしい。だとすれば、ハトの首振りを気にするように、私たちは、カモが首を振らない理由も気にしなければならない。まあ、気にしなくても生活には何の影響もないのだけれど。

そこで今度は、カモやカモメが首を振らない理由を考えてみよう。首振りには、周囲をしっかり見る働きや、奥行き知覚を得る働き、それに歩行時のバランスを高める働きがあることを前章で紹介した。ということは、首を振らない鳥たちは、まわりを見ていないのだろうか。あるいは、バランスの悪い歩き方をしているのだろうか。

体のつくりがちがう？

まず、彼らの体のつくりを検討してみよう。前章でみたように、鳥の首振りに関係していそうな体の特徴としては、視軸が横を向いていること、頭骨のわりに大きく球形でない眼球、体に対して小さな頭骨や歯がなく軽い顎(つまり、くちばし)、長くよく動く首などがあった。ただ、これらの特徴は鳥類に共通していて、空を飛ぶことへの適応と考えられている。そしてもちろんカモやカモメも、こうした特徴を備えている。

カモやカモメもハトと同様、視軸は横を向いている。カモは、他の鳥に比べるとやや眼球が小さいが、哺乳類に比べればずっと大きい。それに、カモメや、やはり首を振らないチドリの眼球はとくに小さくないから、首振りをしない理由を、視軸の向きや眼球サイズの違いで説明するのは難しい。首の動かしやすさで説明するのも無理そうだ。カモは、ハトに比べて首が短いどころかむしろ長く、首の骨の数も多くてよく動く。カモメだって、首の長さや動かせる範囲はハトのそれと同程度だ。

こうなると、どうやらカモやカモメが首を振らない理由を形態に求めることは難しそうだ。それもそのはず、前章で紹介したとおり、カモを手にもって前後や上下に振ると、頭部を移動させないよう首を伸縮させて調節することが示されている。やはり、カモも眼球運動が十分にできないし、その点を首の動きで補わなければならないのである。

まわりが見えてないカモ？

ならば、彼らはきちんと物を見ていないと考えたらどうだろう。しかし、「あいつら日は大きいけどなんにも見てないんだぜ」というのは、どう考えたってカモやカモメに失礼だ。私も鳥を愛する人間の一人として、そんなことは口がさけても言えない。

そこで考えてみたのが、「見ている場所が違う」という案だ。たとえば、電車の窓から流れる景色を眺めてみると、近くのものは速く移動するが、遠くの景色はゆっくり流れるよう

に感じる。また、夜道を歩いていると、家々や電柱はどんどん後ろに移動するが、空の星や月の位置は変わらないように見える。なんとなく月や星が自分の後をついてきているような気にさえなるが、もちろん、月が自分の後をついてくることなどあるはずはない。星や月があまりにも遠いところにあるので、少しくらい移動しても、私たちはその変化を感じることができないのだ。

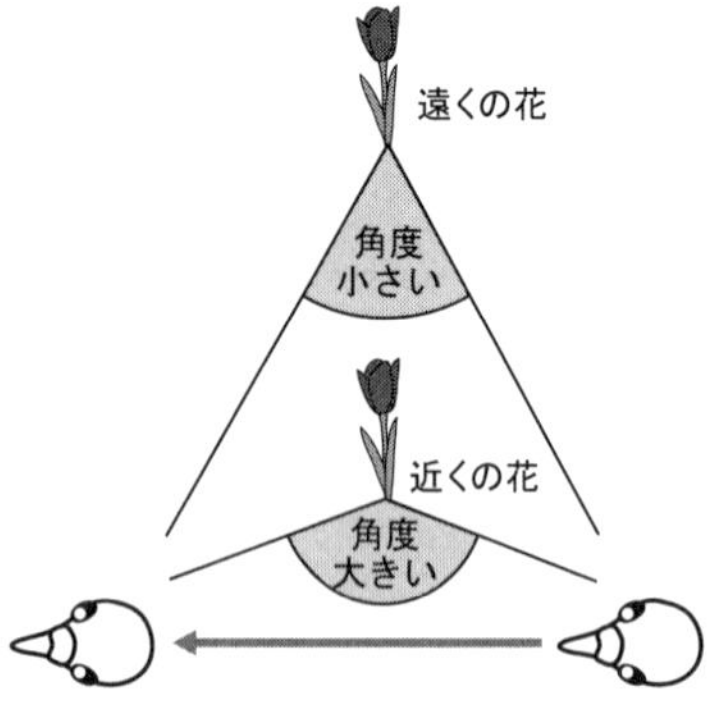

図 28　ハトの移動と見え方の変化。前に進むと，遠くにあるものより近くにあるもののほうが，見る角度が大きく変化する。

遠くの景色があまり変化しないのは、図28のように、角度の変化に注目すると理解しやすい。この図は、鳥が移動したときに、遠くと近くで見える角度がどれほど変化するかを表している。同じ距離を移動しても、近くのものは大きく角度を変えなければ見続けることができないが、遠くのものはわずかな角度変化で見続けることができる。角度変化が大きいほど、速く移動しているように感じる、というわけだ。

そこで、カモやカモメは、歩きながら遠くを見ていると仮定してみよう。すると、歩行にともなう角度の変化は小さくなるはずで、首を振らなくてもきちんと見えるかもしれない。

反対に、近くを見るときほど、首を振って頭部を静止させる必要があるはずだ。しかし、鳥たちがどこを見ているのかを、どうやったら知ることができるだろうか。直接、彼らに質問できれば簡単なのだが、そういうわけにもいかない。私たちにできることは、彼らの行動をじっくり観察して、推理することである。

たまに振らないサギ、たまに振るカモメ

そういうわけで私は、共同研究者とともに、鳥たちが首を振る状況を観察してみた。ともかく鳥たちが歩く様子を徹底的に観察して、どういうときに首を振って、どういうときに首を振らないかを整理してみたのである。

観察していてまず気がつくのは、思いのほか多くの鳥が首を振っているということだった。意外にも、首を振らずに歩く鳥の方が少ない。そして、不思議なことに、首を振る鳥はいつでも首を振って歩いているし、首を振らない鳥は、いつでも首を振らずに歩いている。

ところが、さらに観察を続けると、首を振ったり振らなかったりする鳥もいることに気がついた。たとえば、サギ類は、首を振って歩いていることが多いのだが、ふとした拍子に首を振らずに歩くことがある。また、カモメ類は、普段は首を振らずに歩くのだが、何かのきっかけで首を振って歩くことがあるのだ。彼らはどのようなときに首を振って、どのような

ときに首を振らないのだろうか?

サギは「なんとなく歩く?」

手始めにサギ類を観察してみると、クロサギは、餌となる動物がまったくいなさそうな砂浜で、木の小枝をくわえてプラプラと歩いているときには首を振っていなかった。また、アオサギは、多摩動物公園のアフリカ園で、キリンなどに踏みしめられた地面を、とくにあわてた様子もなく右往左往しているとき、首を振っていなかった。彼らに共通するのは、なんとなく歩いているということだ。

でも、「なんとなく」歩くってなんだろう。これを説明するのは案外、難しい。あえて言うなら、明確な目的意識を感じられない歩き方ということだ。先述のクロサギは、砂浜で小枝をくわえたり離したりしながら、かなりの間、ゆっくりと行ったりきたりしていた。巣材として利用したいけれど大きすぎるなと思っているのかもしれないが、それほどの熱心さも感じない。あまり主観的に見るのも問題だが、ヒマだから小枝をくわえてみたり、別に用もないから離してみたり、といった風に見える。

しかし、こんな表現ではあまりに客観性を欠くので、ためしに、歩行速度や足場の環境、餌を探している(くちばしで地面をついばむ)かどうかと、首振り行動の関係を見てみた。すると、歩行速度や足場の環境は関係がなく、どうやら餌を探していないときには首を振らないことが見えてきた。

謎はすべて解けた⁉

サギ類を観察してモヤモヤと見えてきた餌探しと首振りの関係は、あるとき、ユリカモメを観察していて明確になった。ユリカモメは普段は首振りをしないのだが、首を振りながら足もと近くの餌をついばんでいるのを見かけたのだ。千葉県の谷津干潟という所で、足を水につけて、明らかに足もとを見ている様子で首を振ってゆっくりと歩いていた。ときどき、くちばしを水の中に差し込んで何やら小動物を採食していたので、獲物を探していたことは間違いない。

ユリカモメがそういう行動をすると知ってから、ユリカモメを見るたびに注意していると、芝生の上で虫を探して首振り歩きをすることもあった。たまに立ち止まってはキョロキョロし、また首振り歩きを行っている。時々、芝生から飛び立った小さな虫を、走って追いかける様子も観察された。この場合もやはり、獲物を探していたことは疑いがない。足もとが水につかっていようが芝生だろうが、ユリカモメは足もと近くで獲物を探しているときに首を振っていたのである(図29)。

図 29　ハトの首振り（左）とユリカモメの首振り（右）。＊は①～④の間ずっと着地しているほうの足。両者では，脚の動きと首振りのタイミングがまったく同じだ。

「この事件の謎は、すべて解けた！」と、某漫画の探偵なら言うだろうか。いったん首振りと採食行動に関係があることに気づくと、霧が晴れたようにいろいろな現象を説明できるようになった。キジの仲間、ハトの仲間、ツルやクイナの仲間、サギやコウノトリの仲間、シギの仲間など、首を振りながら歩く鳥たちは、皆、歩きながら食物を探してついばむタイプの鳥たちだ。探している食物は、植物の種子や、動き回る魚、昆虫などさまざまだが、歩きながら足もと近くを探すということが共通している。足もと近くの景色を歩きながら見ると、角度変化が大きく、より速く動いていると感じるはずだ。それに、食物を発見し、それを正確についばむためには、視覚の安定や正確な奥行き感覚がどうしても必要である。

反対に、首を振らないカモやカモメは、歩きながら食物を探すという行動をあまり行わない。カモたちは主に泳ぎながら餌を探すし、カモメも泳いだり、飛びながら水面近くの魚をすくったりする。彼らが陸上にいるのは、基本的に休んでいるときなので、特に歩く必要はない。歩くことがあったとしても、歩きながらエサを探すことはない。歩きながら食物を探さないなら、近くを見る必要はなく、視覚の安定や奥行き知覚はそれほど重要ではないというのもうなずける。

さあ、わざわざ一つの章をもうけるまでもなく、どうやらカモがなぜ首を振って歩かないのか、結論が出てしまったようだ。首を振らない鳥たちは、歩きながら足もとの餌を探さな

い。近くを見ていないから、頭を止めて視覚のブレを少なくする必要もない、ということだ。

ハト近眼の可能性

カモが首を振らない理由はわかってしまったが、まだ不思議なのは、首を振る鳥たちは、いつも首を振っているということだ。ハトの研究をはじめてから十数年、ハトを見かけるたびに首を振らずに歩いていないか観察しているが、私はまだ一度も、首を振らずに歩くハトを見たことがない。ニワトリやキジも、いつも首を振る。彼らだって、たまには遠くを見ながら歩いたってよさそうなものなのに、どうしていつも首を振るのだろう。

私自身、この問題には答えを見つけきれていないのだが、ひとつの可能性として、視力の問題があるのではないかと考えている。足もとの小さな植物の種子などを採食するニワトリでは、視野の下半分は近視的で近くに焦点が合いやすいが、上半分は遠視気味で遠くに焦点が合いやすいという研究がある。近くの食物を探しながら、上空を飛ぶワシタカ類などの捕食者にも警戒するのに都合がよい視力というわけだが、視野の下半分が近視眼的だと、いつも足もと近くが見えてしまうのかもしれない。足もと近くが見えてしまえば、どうしたって気になるのは世の常だ。首を振る鳥たちは、そうした視力によって、いつもつい首を振ってしまうのかもしれない。

鳥たちの視力については、残念ながらあまり体系的な研究がなされていないのだが、彼らの視力が種によってかなり違うだろうことは、眼球形態の多様性からうかがい知ることができる。たとえば、高い高度から急降下してネズミなどの小動物を捕食する猛禽類の眼球は、視軸方向に長く、なんとも言いがたい形をしている（図30右）。上空から餌を探さない小鳥類の平たい眼球（図30左）とは、まったく形が違う。こうした形の違いは、超高速で移動しながら獲物を認識し続けるため、焦点を調節する能力が驚くほど高いことと関係があると考えられている。

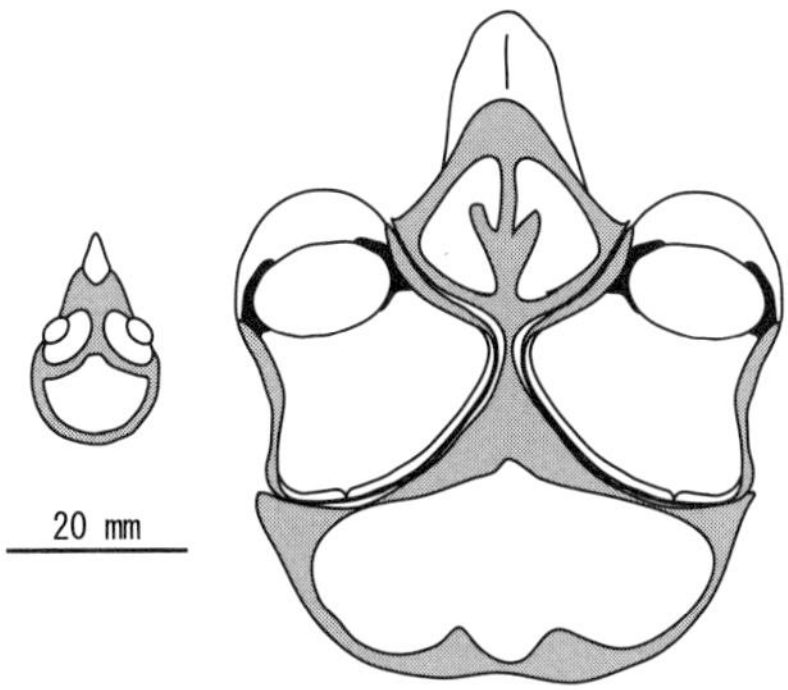

図 30　カラ類（左）とフクロウ（右）の頭部の模式図。眼球の大きさも形もずいぶん異なる。

このように、眼球の形や視力は、もしかすると鳥の行動と関係しているのかもしれない。カモやカモメの視力がハトやニワトリと違うかどうか、今はまだわからないが、今後、首を振る鳥と振らない鳥で視力を比較すると、首振りに対する形の上での回答が見つかるのではないだろうか。

カモはちょこちょこ歩いている

そして最後に検討すべきは、前章で紹介した歩

行の安定性の問題だ。前章でみたとおり、ハトやコサギの首振りは、歩行の安定性を高めるタイミングで行われていた。そうすると、首を振らない歩行は、安定性に欠けるのだろうか。だが、カモやカモメの歩行にも、もちろん安定性が必要なはずだ。不安定な歩行などしていたら、しょっちゅう転んでしまって話にならないだろう。しかし彼らは、そんなに簡単には転ばない。それは、彼らが首振りとはちがう方法で、歩行の安定性を高めているからではないか。

たとえば、脚を動かす頻度を上げる、つまり「ちょこちょこ」と歩く。そうすると、両脚のついている時間が長くなって、安定性を高めることができる。

じっさい、私たちが調べたところでは、首振りをしないオナガガモや、首振りをしていないときのユリカモメは、首振りをするドバトやムクドリよりも相対的に一歩が短く(図31左)、また高頻度で脚を動かしていた(図31右)。つまり「ちょこちょこ」歩いていたのだ。しかも、ユリカモメが首振りをしている場合としていない場合を比べてみると、首振りをしていないときのほうが「ちょこちょこ」歩いていたのである。この結果は、首を振らないことと「ちょこちょこ」歩きが、首振りと大また歩きが、対応していることを示唆している。さらに、首振りをしない鳥では、両脚のついている時間が長いという傾向もみられた(図32)。

もちろん、この結果だけで全てが説明できるわけではない。カモの仲間の歩き方をみると、

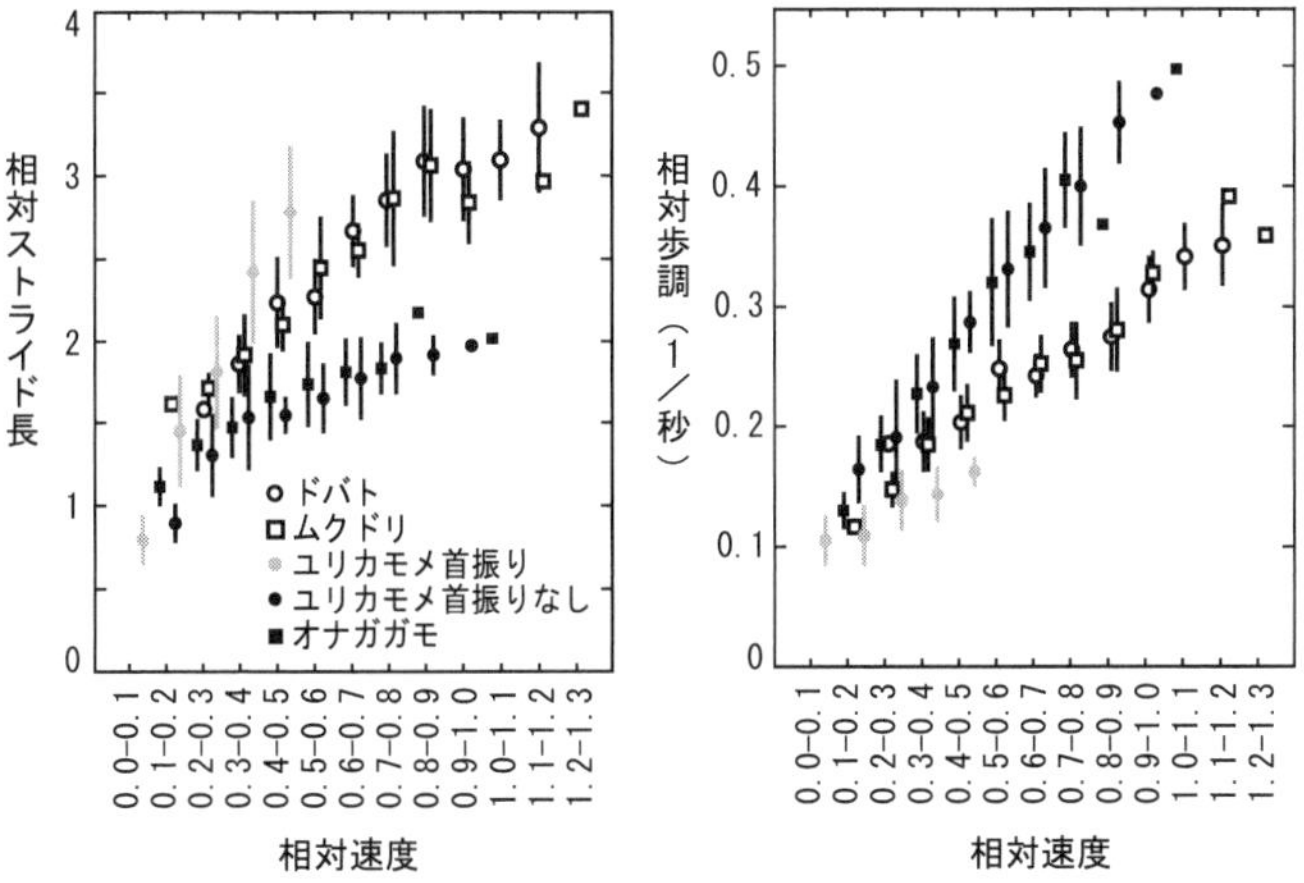

図 31　歩く速度によって歩幅（ストライド長）と脚の回転数（歩調）がどう変わるかを種間で比較した図。左がストライド長，右が歩調の比較。いずれの値も，脚の長さで相対化してある。首を振らない鳥たち（黒塗り）は，歩幅が小さく，脚の回転数が多い傾向が見てとれる。

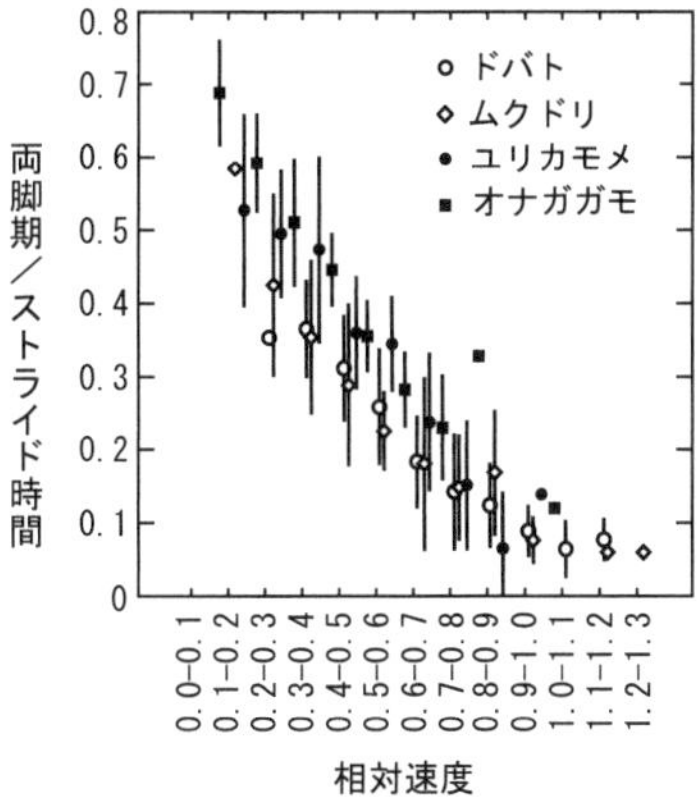

図 32　歩行中における両足をついている時間の割合が，歩く速度によってどう変わるかを種間で比較した図。首を振らない鳥（黒塗り）のほうが，両足がついている時間が相対的に長い。

彼らは体を左右に移動させながら歩くことで、重心を左右の脚の上に移動させながら安定化をはかっているようだ。いずれにしても、カモがヨチヨチと歩いているように見えるのは、安定のとりかたがハトと異なっているからに他ならない。カモはカモなりに、カモメはカモメなりに、ハトとは異なる方法で歩行の安定性を実現しているというわけだ。そして、その安定性を高める方法は、何も首を前後に振ることだけではないのである。

首振りの理由、今度こそまとめ

さあ、長々と紹介してきた首振りの理由を、いよいよ、まとめることとしよう。

首振りは、第一に景色の見え方と関係がある。眼球運動が十分にできず、視軸が横を向いている鳥たちは、視覚のブレを軽減するために、よく動く首で頭の位置を調整していた。それが首振りのいちばん大切な理由だ。

さらに、歩く時に首を振る場合、首振りは歩行の安定性を高めるタイミングで行われ、じっさい首を振る鳥たちは、歩幅が大きく回転数の少ない歩行をしている。これと反対に、首を振らない鳥は、ちょこちょこと小またで脚の回転数を多くして歩き、両足がついている時間を長くとることで、安定性を確保しているようだ。

そして、より究極的な観点からは、歩きながら食べ物を探し、ついばむタイプの採食行動が、首振り歩きと関係しているようだ。こうした採食行動では、近距離の視覚情報をきちんと得る必要があり、そのためには視覚のブレを少なくする必要があるのだろう。

鳥類ハト化計画

さあ、ここまで首振りの理由が明らかになったら、今度は仮説検証を行わなければという気持ちになる。一連の仮説のどこを検証するかだが、これまでもっとも検証されていないのは、採食行動と首振りの関係だ。

そこで私は、鳥類ハト化計画をもくろんだ。足元の餌の密度を変えることで、すべての鳥にハト歩きをさせようという計画だ。ハトにおいて、足もと近くの餌を歩きながら探すことが首振りを引き起こすならば、どんな鳥でも、同じように餌を探させることで、ハトのような首振りを誘発することができるのではないか、と考えたわけだ。

足もとの近くで探すのだから、餌の密度は、ほどほどに高い方がよい。たとえば、5〜10歩に1つ程度の頻度で餌があると、歩きながら探すには理想的に思える。そして、餌のサイズはあまり大きくないほうがよいだろう。よく見れば見えるくらいが理想的だ。手始めのターゲットとしては、首を振ったり振らなかったりする鳥の代表格、ユリカモメがやりやすかろう。

そこで、上記のような条件下でユリカモメが飼育されている場所を探してみたところ、うまい具合に多摩動物公園のユリカモメ飼育小屋が見つかった。飼育小屋の床面の一部に、草丈の短い草地があり、それ以外の場所は砂地であった。床には、エサのミールワームがばらまかれ、ちょうどよい具合だ。

しめしめ、これは早くも鳥類ハト化計画発動だと期待して、日がな一日、ユリカモメを観察してみた。だが、私の期待は大きくはずれ、ユリカモメたちはじっと立ち止まってエサを探してしまい、理想的に歩いてくれなかった。一度だけ、ユリカモメが首を振りながら3歩あるく様子を撮影できたが、断続的に数時間も観察したあげくに、それっきりの成果だったので、一般的に言って失敗と結論せざるを得ないだろう。餌の密度が高すぎたのかもしれないし、そもそも草地の面積が狭すぎたのかもしれない。ある程度、広い範囲を探すような条件を整えないと、歩いて探そうという気分にならないのだろうか。いつか、作戦を練り直して本格的に実験を行ってみたいと思っている。

●コラム　ハンブルクにおけるユリカモメのハト化

鳥類ハト化計画失敗に打ちひしがれていたころ、国際鳥学会があってドイツのハンブルクを訪れた。私は、ちょうどユリカモメが干潟で首を振って歩くという成果を論文にまとめたばかりだったので、その内容をぜひ多くの研究者に知ってもらいたいと思って発表しに行ったわけだ。

学会の前日に現地入りして、周辺を散策してみた。ヨーロッパに行くのは初めてだったので、見るものすべてが新しく、レンガ造りの建物が並ぶ、美しい街並みに感激した。会場近くの公園には大きな木がたくさんあり、本州では山地にいかなければなかなか目にすることのできないゴジュウカラや、のどの色が美しいウソの仲間などがたくさん見られた。

楽しみながら歩いていると、おじさんが街角でパンくずを撒いていた。私がフィールドにしていた上野公園でも見慣れた光景だ(現在は禁止されているが)。どこでも鳥を愛する人々はいるものだとほほえましく思いながら眺め、そして衝撃を受けた。おじさんの足もとでパンくずをついばんでいるのは、なんとユリカモメで、しかも首を振り振り採食していたのだ！

まぎれもない、ハンブルクにおけるユリカモメのハト化である。このときの私の衝撃たるや、筆舌に尽くしがたい。自分が専門家として行わんとしていた実験を、おそらく首振りの理由など知る由もないドイツ人のおじさんが、いとも簡単に成し遂げていたのである。

私の自尊心は、学会発表前日にして、もはや粉々に砕け散った。科学の無力さ、というよりも、自分の力のなさを呪い、そして見知らぬドイツ人のおじさんに、深い畏敬の念を感じ

終わり！

た。いつか、あのおじさんを超える実験をなさねばならぬと、心に深く誓った国際学会前日であった。

5 首を振らずにどこを振る

第3章と第4章では、首振りの理由について詳しく紹介した。たかが首振りといえども、いろいろな不思議がたくさんあり、さまざまな視点から取り組まないと謎はとけない。首振りに注目してしまうとハトやニワトリばかりに目が向いてしまうが、ちょっと冷静に考えて首振りをせずに歩くカモやカモメなどにも目を向けることで、新たな発見があることもご理解いただけただろうか。

最後のこの章では、さらに視野を広げて、首振りをはじめとしたさまざまな鳥の動きを広く見わたしてみよう。

ホッピング時に首は振るの？

スズメがホッピングを行うことを第2章で紹介したが、ホッピングしているとき、スズメは首を振っているのだろうか。

ご存じのとおり、スズメも地上で足もと近くの餌を探索してついばんでいる。すると、スズメだって首を振ってよさそうな気がする。ところが、彼らは首を振らない。なぜだろう。それはおそらく、ホッピングによる移動の速度が速いためだ。ハトやニワトリも、走るときには首を振らない。速く動けば動くほど、首振りの頻度も増加させなければならないが、頭を頻繁に前後させてその位置を静止させるのは、速く動くほど難しくなる。首を振る鳥たちも、移動速度が上がって首を振るのが困難になると、首振りをしなくなるのである。

それでは、ホッピングしながら、スズメはどのように餌を探しているのだろうか？立ち止まって探すのだ。観察していればすぐにわかる。チョンチョンチョンとホッピングしたあと、首をキョロキョロと振ってから餌をついばむ。周辺にたくさんの餌があるときには、しばらく首を下に向けたまま、周辺をついばみ続ける。このとき、1歩、2歩、歩くこともある。そして、1回だけピョンとジャンプをするときには、彼らはちゃんと首を振る。首を伸ばしてジャンプし、着地するときに首を縮めて頭を静止させるのである。

首を振らないチドリの採食

スズメと同じように、まとまった距離を移動しては採食を繰り返す鳥に、チドリがいる。干潟などでゴカイのような小動物を捕食している彼らは、長時間、一か所にじっと立ち止まっている。そこで周囲を見わたしていて、ふとした拍子に走り出す。何をするのかと眺めていると、走った先でさっと小動物をついばんでいるのだ。走るときには、もちろん首を振っていない。片目でキッと行く先を見据え、駆け寄っていくのである。

ところが、同じような環境で、同じように小動物を獲って食べる鳥でも、シギの仲間は首を振ってせっせと歩いている。歩いては時々、小動物をつかまえる。時には獲物に逃げられ、走ってこれを追いかける。沖縄県の伊良部島の湿地で、アオアシシギが獲物を捕りにがして、数歩走って追いかける様子を偶然、観察したことがある。立派なことに、彼らはこのときにも首振りを忘れていなかった。首振り研究者を自認する私としては、頭の下がる思いだった。

同じような環境で、同じような獲物を食べているのに、採食方法にこうした違いがある理由は判然としない。体のサイズや脚の長さによって、採食効率が異なるのかもしれないが、恥ずかしながら私には、今のところこの問題に対する名案がない。ただ、同じような環境で同じような獲物を相手にしていても、歩きながら獲物を探すかどうかによって首振りの有無が異なるということだけが、私の自尊心をかろうじて支えてくれるのである。

コアホウドリの奇妙な首振り

次に、これまでの首振りとまったく異なる奇妙な首振りを紹介しよう。コアホウドリの首振りだ。

コアホウドリの名は聞いたことがなくても、アホウドリは誰でも知っているだろう。羽毛を目的とした人間の乱獲によって一度は絶滅の危機に瀕しながら、奇跡的に個体数が回復した有名な鳥である。個体数回復の裏には、今も続けられる関係者のたゆまぬ努力がある。しかし、本書は鳥の運動に関する本なので、アホウドリの復活にまつわるドラマにはまったく触れずに、アホウドリの歩き方を説明する。コアホウドリは、アホウドリより少し小型の近縁種で、小笠原諸島を含む太平洋の島々で繁殖している。

あるとき、森林総合研究所の川上和人さんという研究者から、ビデオを渡された。「お前は首振りの研究をしているのだから、この首振りを説明してみろ」というのである。なんだろうと見てみると、コアホウドリが歩いているところを横から撮影したビデオだった。ちょうどそのころ、川上さんはコアホウドリの研究をしていて、それが傑作な首振りをしているというのである。

映像を見て驚いた。なんと、コアホウドリは歩きながら、前後ではなく、上下に首を振っていたのだ。

当時の私は、自分は鳥の首振りについては相当、詳しいと自負していた。そんな私にとって、世の中に私のまったく知らない首振りが存在するとは思いもよらなかった。驚くと同時

顔を右に向けて
首をぐーんと
左足を前に出して
右脚で蹴り出す
右足を前に出して
左脚を蹴り出す

図33 V字を描くように首を振って歩くコアホウドリ。左脚を伸ばすときには首を左上に向け(写真②)，右脚を伸ばすときには首は右上に向けている(写真④)。

に強く興味をひかれたし、自分の知らない首振りを見せられたのも悔しかった。そこで、さっそく、この首振りの理由を考えたいと思った。

V字首振りの意味

顔を左に向けて
首をぐーんと伸ばす

右に向けて

コアホウドリのビデオを繰り返し見て、はじめに気づいたことは、単純な上下運動ではなく、左右にも首が動いていることだった。首を上にあげるときに、体を傾けて斜め外向きの上向きに首を伸ばしている。首を下にさげるときにはこの反対になる。そして、再びあげるときには、反対側の外向きに首をあげるのだ。このような動きを繰り返すことによって、正面から見ると頭はV字を描くことになる

（図33）。

では、このV字の動きには、どのような意味があるのだろうか。

アホウドリ類の行動に関する本をあたってみたところ、「ディスプレイ」と書かれている。ディスプレイというのは、異性に求愛したり、他個体に対してなわばりを主張したりするなど、動物が他個体へ何らかのメッセージを伝えるために行う動作だ。

普段は大洋を飛び回り、洋上で過ごす時間の多いコアホウドリが、地面に降りて歩くのは、もっぱら繁殖のときである。実際、小笠原諸島の小さな無人島で、アホウドリ類は驚くべき密度で繁殖していた。犬も歩けば棒にあたるということわざがあるが、この捕食者のいない小さな無人島では、誰でも歩けばアホウドリ類にあたるような状況だった。そういう状況で、コアホウドリが歩けば、必ずといっていいほど、他の個体が自分の視界に入るし、自分も他の個体の視界に入ることになる。だから、彼らが常にディスプレイを交えた歩行を行っているとしても不思議ではないのかもしれない。

それにしても、両側をブッシュでさえぎられて明らかに他個体がいないような状況においても、彼らが首をV字に振って歩いていたのは不思議である。ひょっとすると彼らのV字首振りも、なんらかの歩行の役に立っているのではないか。また、どんなに無駄に思える動作も、力学的、神経生理学的に理にかなっていなければ、日常的に行われることはないだろう。

意外に合理的？

さて、しばらく観察して思ったのは、不思議な動作ではあるが、あまり不自然な動作には見えないということだった。試みにコアホウドリの歩き方を真似してみると、それほど苦もなくできてしまう。もちろん、私とコアホウドリでは大きさも形態もプロポーションも異なるので、真似をしたといっても、なんとなくそれっぽい動きをしてみたにすぎないが、その「なんとなくそれっぽい動き」が、あまり苦もなくできてしまうのだ。そして思ったのは、「その姿を誰にも見られなくてよかった」ということと、「コアホウドリの動きは、運動力学的にも神経生理学的にも合理的なのではないか」ということだった。

コアホウドリの歩き方を詳しく見ると、右脚を伸ばすときに首を右上に伸ばし、左脚を伸ばすときには首も左上に伸ばしている。ハトの首振りと同様に、1歩につき1回、首を上下させるという行動は、神経生理学的な観点から行いやすい。第3章で紹介したように、歩行のような周期的動作は、中枢神経系からの信号によって、首と脚の動きが互いに関連して制御されるためだ。

また、運動力学的にいっても、この動きは合理的だ。右脚を伸ばすときには、右足の上に重心を移動させるとバランスをとりやすくなる。そのためには、体全体を右側に移動させる必要があり、そのまま首を上に伸ばせば、右上方に首を持ち上げることとなる。

コアホウドリと野球選手

しめしめ、どうやらコアホウドリの首振りはなかなか合理的らしいぞ。思った通りだ。心の中でほくそ笑んでいたある日、たまたま読んだ神経生理学の本で、先人の興味深い仕事を知った。日本の神経生理学者、福田精による１９４３年の仕事だ。

福田は、脳機能の一部を働かなくした動物など、病的な状態に限ってみられると考えられていた姿勢反射を、ヒトの日常動作の中にも見出したのである。スポーツ選手などが行うさまざまな姿勢の中に、姿勢反射で合理的に説明できる四肢の屈伸パターンを見出し、説得力のある図版をのせて論文化した。

私は遅ればせながら、21世紀に入ってから彼の業績を知った。そして、なるほど、このような反射は、動物の通常の姿勢にも見いだせるようだと思った。福田の紹介によると、いろいろある姿勢反射のうち「四肢に及ぼす緊張性頸反射」の一例として、「身体長軸を軸として頭部を頸に於て約90度捻転させた位置に固定すると鼻尖の向つた側の前後肢に伸展緊張増強し反対側の前後肢に於ては伸展緊張減弱する」と書かれている。コアホウドリの首振りは、まさにこの記述に合致する。

彼らが首を右上に伸ばすとき、くちばしは右に傾いている。そのとき、鼻尖すなわちくちばしが向いた側の右脚がこのとき伸展し、反対側である左脚は屈曲している。

福田が1943年の論文でこの例として掲載している野球選手の絵と、コアホウドリの首振り歩行を並べてみよう(図34)。野球選手とコアホウドリが、なんと似ていることだろうか。コアホウドリのほうが、少しだけアイシャドウがキツくて面長な顔をしているが、それ以外には違いを見いだすことが難しい。

図34　ジャンプしてボールをキャッチする野球選手(左)と首を振って歩くコアホウドリ(右)。一見，なんの関連もない両者だが，その姿勢は驚くほどよく似ている。

どうやらコアホウドリの首振りは、不思議ではあるけれど、いろいろな意味で無理のない姿勢だったようだ。

とはいえ、無理のない動作というだけでは、首を上下に振って歩く理由を十分には説明していない。そもそもなぜ、彼らは上下に首を振らなければならないのだろうか。ディスプレイで片づけられるかもしれないし、別の理由もありうるかもしれない。

今の段階で、私は完全な答えを見いだすことはできない。しかし、考え続けることによって、いつか、新たな回答に気づく瞬間があるかもしれない。

泳ぐときに首を振る鳥もいる。カイツブリ

実は、泳ぐときに首を振る鳥もいる。カイツブリ(図35)だ。小さな水鳥で、雛を背中に背負って泳ぐ姿は、よだれが出るほど愛らしい。東京の井の頭公園のボート池にもおり、ボートで遊んでいると近くまで寄ってくる。そして、ふいに水に潜って姿を消してしまう。しばらく出てこないので気になって探していると、思いがけぬところにピョコッと現れる。彼らは、水中に潜って、小さな魚などを捕食しているのだ。

このカイツブリ、水面で泳いでいるときに、ときどき首を振る。彼らがなぜ泳ぎながら首を振るのかは、ほとんど調べられていなかった。ハトの首振りを気にする人はたくさんいるのに、カイツブリの首振りを誰も気にしないのは、なぜだろうか。ハトとカイツブリでは、身近さがだいぶ異なるからだろうか。それはさておいても、日本一の首振り研究者を自認する私としては、こんな状態を放っておくわけにはいかない。

そんなある日、井の頭動物園の水槽を見に行った。愛らしいカイツブリが、水中でせっせ

と小魚を追いかけている。そしてそのときに首をせっせと振っていることに、わたくし気づいてしまったのである。

気づいてしまったら仕方がない、ハトの首振りを研究してきた経験をもとに、この問題にも取り組みたい——そう思いながらも手をつけられずにいたある時、東京大学(当時)の樋口広芳先生から、学部生の卒業研究の相談にのってほしいと連絡があった。そうして紹介された郡司芽久さんは、首振りにもとても興味があるという。それならば、と、カイツブリの研究を進めてもらうことにした。

はじめに、水中での首振りをつぶさに観察したところ、陸上で歩いている時と同じように、首を曲げている間は頭を静止させていた。ある程度首を曲げたところで、首を伸ばして頭部を前進させている。潜水中の首振りもまた、地上での歩行中と原則的に同じメカニズムで生じているようだ。やはり、カイツブリは視覚によって獲物を認知しているのだ。

ところが実は、鳥が潜水しているときの視力は、水中での私たちヒトのそれと大差ないことが示唆されている。たとえば、カイツブリと同じく水中で魚を捕らえるカワ

図 35　池に浮かぶカイツブリ。油断していると水に潜って姿が見えなくなる。写真提供は樋口広芳氏。

ウでは、水中での視力は、人間の水中での裸眼視力とたいして変わらないという。水中でさほど視力がよくないとすれば、どうやって彼らは魚を認識して捕食するのだろう?

ひとつの可能性としては、近くだけを見ていることが考えられる。私たちの観察から、カイツブリにも潜水中に首を振る場合と振らない場合があり、首を振る場合にはきちんと頭を静止させていることがわかった。このことは、ハトの首振りと同様、カイツブリも近距離にいる獲物を探索していることを示唆している。首振り歩きの研究から、近くを見るときほど首振りが重要であることが確かめられているから、水中での視力が弱いとしても、近くの獲物を探していると考えれば矛盾がない。

さらにカイツブリの潜水中の首振りは、運動力学的にも理にかなっていると言えそうだ。彼らは、脚で蹴って推進力を得ているときに首を伸ばす。歩行と違い、泳ぐときには両脚で同時に蹴るので(片脚だけを動かして方向転換することもあるが)、歩行のように回転力はかからない。しかし、首を伸ばすと体が細長くなり、水の抵抗が少なくなって前進しやすいのだ。ここでもやはり、首振りは、一連の泳ぐ動作の中で、都合のよいタイミングで行われていたのである。

首を上下に振る鳥たち

歩くでも泳ぐでもなく、じっとしているときに首を上下に振る鳥たちもいる。たとえばカワセミだ。コバルトブルーの羽毛をもったとてもきれいな小鳥で、川辺や池のほとりなどでじっとしており、水の中に飛び込んで魚などを捕まえて食べる。都市部の川でも普通に見かけるし、なにしろ姿がかわいらしく美しいので、たいへん人気のある鳥のひとつである。

さて、このカワセミを観察していると、ひょいっと首を上に伸ばして、その後に縮める仕草を見せる。この一連の動作は、いったい何なのだろうか？

実はこれは、光の反射などによって見づらくなっている水中の獲物や天敵を見やすくするための行動である。私たちも川や池にいる魚を見ようとすると、光の加減で水面が反射してしまい、よく見えないことがある。そんなとき、ちょっと頭の位置を変えてみると、見やすくなることがある。それと同じことを、カワセミは上下に首を振ることで行っているのである。

同じような縦方向の首振りを行う鳥は、カワセミだけではない。私が観察した限りでは、コチドリやシロチドリ、アオアシシギが同じような首振りをしていた。おそらく他のシギ類やチドリ類の中にも行う種は多いことだろう。いずれも、水面下の小魚や、干潟で小動物などを採食する鳥たちだ。干潟といっても水がそこかしこに残っているので、太陽光の反射で獲物が見づらいことは、しばしばあるにちがいない。そんなとき、彼らはひょいっと首を上下に振っているのである。ここでも首振りは、視覚と、そして採食行動に関係しているのだ。

恐竜は首を振りますか?

学会や講演会で首振りについて話すと、聴いてくださった方々からいろいろな質問をいただく。「○○(鳥の名)は、首を振って歩きますか?」とか、「自分の研究している△△(鳥の名)は首を振らないと思うのですが、どうでしょうか?」といった質問は比較的多い。時には「恐竜は首を振りますか?」と聞かれることもある。

すでに絶滅している恐竜の動きを観察することは不可能なので、形態的特徴から推論するしかない。第3、4章の結果をふまえれば、頭が小さく、首が長くて動かしやすく、目が大きくて、そして視軸の方向が横を向いている恐竜ならば、首を振って歩いていた可能性は十分にある。私は恐竜の専門家ではないので、「それは、どの恐竜ですか」と問われても答えに窮するが、子供向けの恐竜図鑑をパラパラとめくると、こうした特徴を備えた恐竜がいくつも目につく。最近の研究からすると、恐竜は鳥の祖先という位置づけはもはや変わる余地がなさそうだ。そうだとすれば、なおさら首を振っていた可能性は高いだろう。

ただし、結論に飛びつく前に、いくつか考えなくてはならないことがある。それは、恐竜がどのように採食していたかということだ。鳥では、足もと近くの餌を目で探しながら採食する種が首を振って歩いていた。チドリの仲間などは、一か所にとどまって広い範囲を見わたし、見つけた獲物に駆け寄って捕食しており、こうした場合には、どのような眼球や頭、首の形態をもっていようと、首振りは認められなかった。水辺でじっと獲物を探すカワセミやコチドリは、光の反射を避けて上下に首を振っていた。条件や採食行動によって、鳥たちは首を振るか振らないか、どのように振るかが違っているのである。これは、恐竜でもきっと同じだろう。恐竜が首振りを行ったかどうかを真剣に知りたければ、彼らの採食行動をよく考えていく必要がある。

ティラノサウルスなどの肉食恐竜の復元を見ると、首を振らなさそうに見える。スーパーサウルスなどの超大型恐竜も、首が長くて頭が小さいが、首を水平に伸ばして歩き、木の葉をむしゃむしゃと食べていたのであれば、ハトのように首を振って歩いたりはしない気がする。オルニトミムスなどは、いかにも首を振りそうな雰囲気に復元されているが、どんな採食行動をしていたかにもよる。足もと近くで餌を探すなら振っただろうし、チドリのような待ち伏せ型なら振らなかったはずだ。……このように、この恐竜は首を振っていたと思いますなどと無責任にいうのは簡単だが、真剣に考え始めると難しい。

ましてや、先述のコアホウドリの首振りを知ってしまった私には、絶滅した動物が歩くときに首を振っていたかどうかなど、軽々しく結論することはできない。現生鳥類ですら、私の思いもよらない首振りをすることがあるのだ。恐竜は魅力的で興味深い動物だが、こうした困難に取り組むのは不肖わたくしには荷が重すぎる。ここは深入りせずに、話題を現生鳥類の運動に戻すとしよう。

セキレイは歩くときに尾を振る……か?

首振りの話を聞いて割に多くの人々が連想するのは、セキレイが尾を振るのはなぜかということのようだ。首振りの話をすると「セキレイが歩くときに尾を振る理由はなんですか?」と、よく質問される。「私は首振りの話をしているのに、どうしてあなたは尾振りの質問するのですか?」と、思わずツッコミたくなるが、「振る」つながりで連想する気持ちはわからなくもないので、ここはぐっとこらえることにしよう。

セキレイというのはスズメ目の鳥で、国内では、キセキレイ、ハクセキレイ、セグロセキレイという3種を比較的よく目にする。都市部でも比較的観察しやすい鳥である。水辺に多く見られ、護岸工事された河原や、公園の芝生などでも見かける。「ピピッ」と鳴きながら飛ぶ姿も見慣れたものである。

セキレイ類をしばらく観察していると、たしかに尾羽をピョコピョコと上下に振っている。これはたいへん目立つ行動だ。セキレイのことを英語でワッグテイル(wagtail)というが、ワッグは振るという意味で、テイルは尾である。すなわち、英語ではセキレイは「尾振り」とよばれているわけだ。

かなり目立つので、誰でも気になるのだろうが、セキレイが尾羽を振る理由について答える前に、私は必ず「セキレイは歩くときには尾を振りません。首を振って歩きます」とコメントしている。すると、質問をした方は、必ずキョトンとする。それもそうだろう、あれほど目立つ尾振りを「振っていない」と言われれば、意味がわからないのも当然だ。

「歩きながら」振ってはいない

しかし、実際のところ、セキレイは歩くときには尾を振らない。立ち止まっているときに振るのである。そして歩くときには、ハトと同じように首を振って歩いている。セキレイはしばらく歩き、立ち止まっては尾を振り、また歩きといった動作を繰り返す。尾を振る印象があまりに強すぎるのと、歩いている途中で頻繁に立ち止まるので、つい歩きながら尾を振ると思ってしまうのだろう（図36）。

この事実も、多くの人にとって意外であるようだ。だが、第3章で述べたように、多くの鳥が首を振って歩いている。首振りがハトの歩き方というイメージがあるのは、たまたまハトが多くの人にとって身近な鳥で、首が適度に細長く、認識しやすいためにすぎない。そし

図 36　芝生で歩きながら採食するハクセキレイ。心の目で見れば，見るからに尾を振らずに首を振っている感じがする。

て、そのハトと同じく、セキレイの歩き方も典型的な首振り歩きなのである。

それでは、セキレイはなぜ、立ち止まっているときに尾を振るのだろうか。

多くの人が気になることは、たいていの場合、誰かが調べている。私の友人の橋口陽子さんは学生時代、この理由に迫るべく、セグロセキレイを観察し、セキレイの尾振りは、天敵を警戒している時に頻繁に行われることを明らかにした。捕食者に対して、自分は気づいていることを伝えるメッセージだというのだ。

同様の研究結果をドイツの研究者も発表している。彼は、ハクセキレイについて、採食中(獲物をついばんでいるときと、頭をあげてキョロキョロさせているとき)と羽づくろいしているときのいずれで、尾振りがより頻繁に行われるかを調べた。するとハクセキレイは、採食しているときにより頻繁に尾を振っていたこと、さらに、採食中でも、餌をついばんでいるときよりも、頭をあげて左右をキョロキョロして周囲を警戒しているときのほうが、頻繁に尾を振っていたことがわかったのだ。

なぜ「首振り」か「尾振り」なのか?

さて、さまざまな鳥の動きと言いつつ、結局は尾振りか首振りの話になってしまった。鳥には、首振りと尾振り以外に何か運動はないのだろうか。もちろんいろいろな運動をしているわけだが、周期的な運動となると、尾振りか首振りにほぼ限定される。では、なぜ鳥は、首や尾ばかりを振るのだろうか?

はじめに答えを述べてしまうが、鳥たちにとって、首と尾はもっとも動かしやすいのだ。飛翔に適応している鳥の体幹は、コンパクトで可動性が少ない。私たちは体をひねったり、腹筋運動や背筋運動のように前後に曲げたり、わりに自由に体幹を動かすことができるが、鳥の体は私たちほど自由には動かないのである。体幹が動かなければ、動かせる場所は、体幹から飛び出した部分、すなわち、腕か脚、そして、首、尾、というわけである。この4つの部位で、どれが一番振りやすいかを順に考えてみよう。

脚を振ったら歩いてしまう、翼を振ったら飛んでしまう

二本脚で立っている動物にとって、脚を振るというのはそんなに都合のよい動きではない。一方を振っている間は、片脚でバランスをとらなければならない。もちろん、脚を振る行動

をする鳥がいないわけではない。たとえばコサギという鳥は、採食時に片脚を水中で震わせて小動物を追い、逃げ出したところを捕食する行動をよく行う。しかし、広く鳥全体を見れば、こうした脚振りの運動は例外的な動作である。

ほかに脚を振る動作としては、頭をかくことが挙げられるだろう。腕が翼になっている鳥にとって、羽毛を整えたり体をかいたりすることのできる部位は、くちばしと脚しかない。そこで、たいていの鳥は、くちばしが届かないところには脚を使う。そのほかに、鳥たちが脚を振っているシチュエーションを考えてみるが、ちょっと思いつかない。

次に、腕を振ることを考えてみよう。言うまでもなく、鳥の場合は翼である。鳥にとって翼を振るのは、なかなか大変な作業ではないだろうか。なぜなら、翼は風の抵抗が大きい。また、翼は長さもあるため、自在に振り回そうとすると、地面や木の枝や草など、周囲のさまざまな物にぶつかってしまい、都合が悪そうである。

ただし、まったく翼を使わないわけではない。たとえばドバトは、個体間の争いのときに翼を使って相手をたたくような行動をする。私も昔、飼っていたドバトに何度か翼でたたかれたことがある。痛いわけではないが、翼を打ちつけるせいか、「パシッ！」と予想外に大きな音がして驚く。攻撃としての意味がどの程度あるのかはわからないが、自分の経験からは、少なくとも相手を威嚇する効果は十分にありそうだ。また、多くの鳥で、幼鳥が親に餌をねだるときには両翼を小刻みに震わせる。あとは、いくつかの種で、求愛やなわばり宣言などのディスプレイとして、飛びながら左右の翼を打ちつけたりすることは知られているが、こうした例はそれほど多いわけではない。

どうして、脚や翼(腕)を振る動作はこれほど少ないのだろうか。言うまでもなく、左右の脚を振れば歩いてしまうし、左右の翼を同時に振れば、飛んでしまうからだ。歩行や走行は両脚を交互に振る動作だし、ホッピングは同時に振る動作だ。両翼を交互に振る動きはたぶんなさそうだけれど、同時に振れば羽ばたきだ。歩くことや飛ぶことは、運動の中ではけっこうなエネルギーを使う部類である。もう少し気楽に、何かを振ってメッセージを伝えるとなると、残る部位は首と尾というわけである。

第3章でも述べたとおり、鳥の首は頸椎の数も多く、長くてよく動く。そして尾も、長い割には軽くて動かしやすい。だから、鳥は首と尾を動かすのだ。

ちなみに、ここまで名前を挙げなかった鳥たちも、よく尾を動かしている。たとえばイソシギという鳥は、セキレイと同じように、頻繁に尾を振っている。もっとも、イソシギはよくよく見ると尾を尻ごと振っている。尻を上下させるから、その先にある尾も上下に動くようだ。他にもいくつかのシギの仲間が、尾または尻を振っている。海辺でよく見かけるイソヒヨドリという鳥も、ときどきひょいと尾を下に下げる。クイナの仲間のバンという鳥は、反対に尾をときどきひょいと上げる。ジョウビタキという鳥の、小刻みに震わせる尾振りや、モズの回すような尾振りも特徴的だ。これだけ多様な尾振りがあるのは、鳥にとって、尾振りが行いやすい動作であるからだろう。

アオシギの体振り

しかし、動物の世界は多様である。ある仮説を一般化しようとすると、必ずといっていいほど例外が見つかるものである。最後に、その例外中の例外、アオシギの話をしよう。アオシギは渓流などに生息する珍しい鳥なので、見たことのない人も多いだろう。実は私も、この鳥を野外で観察したことはない。友人に、アオシギのビデオを見せてもらったことがあるだけだ。この鳥は、首や尾を振るのではない。脚を振るわけでもない。なんと、体を振るのだ。

体を振るとはどういうことかというと、脚を屈伸運動させ、体を上下に揺するのだ。そのとき、よく見ていると頭は上下に動いていない。第3章で、ハトが片足立ちで前進するとき、頭は外界に対して静止していると述べた。それと同じように、アオシギが体を揺するとき、頭は外界に対して静止している。だから、まさに体幹を振っていると表現するのが正しいだろう。

またしても、彼らが体を振る理由はわからない。なぜ、首や尾ではなく、体幹を振るのだろうか。アオシギの生態を私は詳しく知らないので、行動学的な理由は、正直に言って想像もできないのだが、運動学的には思うところがある。それは、他のシギ類でも、体幹を振る動きがみられることだ。先述のとおりイソシギは、尾を振るのではなく、尻を振っている。もっと正確に言うと、体幹を傾斜させて尻を上下させている。そこから少し変化すれば、脚の屈伸によって体全体を上下させるという運動が出てくるかもしれない。アオシギが突然体を振り出したわけではなく、その前段階として尻を振る過程があったとしたら、体振りの理由が少しは理解できるような気がする。

それにしても、なぜ尾ではなく尻を振り、なぜ尻ではなく体を振るのだろう。軽い尾を振るほうがよっぽどラクちんに思えるのに、なぜかそうしない。きっと理由はあるはずだが、今のところ私たちはその答えを知らない。鳥たちの動きには、まだまだ不思議がいっぱいある。

エピローグ　たかが首振り、されど首振り
――身近な動物観察のススメ

ここまで、ハトの首振りを中心に、いろいろな視点から鳥の歩き方や体の動かし方を紹介してきた。本書を気軽に手にとってくださった方々も、さすがにここまでガッツリと首振りの話が展開されるとは、思っていなかったのではないだろうか。私自身、首振りの研究を半ばノリと思いつきで始めたころには、こんなにドップリと首振りにかかわるとは、思ってもみなかった。

しかし、首振りに限らず、動物の行動というのは、さまざまな側面から考えていかないと、本当には理解できないものである。首振りの謎が気になったとき、たかが首振りと、考えることをやめてしまったら、そこで研究は終わる。けれども、その些細な問題を少し真剣に考えてみると、思いがけない発見に行き着くことがある。特別な道具はいらないし、遠くまで出かける必要もない。身近な動物を、少し注意して観察すればよいだけだ。

そういう楽しみを体験したいと思った方がいたら、さっそく近くにいる鳥の歩き方を観察してみてほしい。誰もが気になるハトの首振りにも、未解決の問題がまだまだあるし、スズ

メのホッピングが謎につつまれていることも、本書で紹介したとおりだ。ハトは、本当に首を振らずに歩くことはないのか、徹底的に観察してみるのも面白いだろう。そして、どなたか首を振らないハトを見つけた方は、ぜひ、そのときの行動や環境などを詳細に観察してほしい。ビデオで記録できれば、なお望ましい。

世の中の価値観からすれば、ハトの首振りなど、数多くある些細な疑問のひとつにすぎない。しかし、自分にとって興味があるなら、それは確実に探求する価値がある。実際のところ、たかが首振りの研究をやっていたおかげで、私はずいぶん楽しい思いをした。私自身が楽しかったのももちろんだが、いくつものメディアの取材も受けてきた。それだけ多くの人々が、たかが首振りの理由を知りたいのだなあと実感することができたし、一般向けの講演をすると、必ず喜んでもらえた。「ずっと気になっていた謎が解けました」という感想を聞くと、私の研究が、みんなを楽しませることができたんだと、嬉しく思った。たかが首振りでも、皆が気になるならば、調べる価値はあるのだ。

さあ、そろそろみなさんもハトの首振りを自分で観察したくなってきたのではないだろうか。そう思ったら、すぐにも公園に出かけてみよう。ハトを探すのは、そう難しくない。まずは、本書の内容が本当に確かであるか、自分の目で確認してみてほしい。もちろん、他のどんな鳥でもＯＫだ。ハト以外にも、首を振る鳥はたくさんいるし、首を振っていない鳥を見かけたら、そこにも謎が隠されているはずだ。

鳥でなくたってもちろんよい。自分の目で見て、自分の頭で考える。それが、科学の第一歩だ。そんな簡単なことを、少し気をつけてやってみると、今まで気がつかなかった、豊かな世界がきっと広がることだろう。

福田精（1943）運動姿勢の研究，耳鼻咽喉科臨床 38: 1–21
Gunji M, Fujita M, Higuchi H（2013）Head-bobbing and non-bobbing diving of little grebes, J Comp Physiol A 199: 703–709
橋口陽子（2004）セキレイが尾を振るのはなぜ？　社団法人日本林業技術協会編『森の野鳥を楽しむ 101 のヒント』東京書籍，pp. 54–55
Randler C（2006）Is tail wagging in white wagtails, *Motacilla alba*, an honest signal of vigilance? Anim Behav 71: 1089–1093

Youtube の岩波書店チャンネルに，動画も公開します！
https://www.youtube.com/user/IwanamiChannel/videos
ハトの首振り，コアホウドリの首振り，などなど……

and flying: relative motion perception in the pigeon, J Exp Biol 138: 71–91
Dunlap K, Mowrer OH (1930) Head movements and eye functions of birds, J Comp Psychol 11: 99–113
Friedman MB (1975) Visual control of head movements during avian locomotion, Nature 225: 67–69
Frost BJ (1978) The optokinetic basis of head-bobbing in the pigeon, J Exp Biol 74: 187–195
Fujita M (2002) Head bobbing and the movement of the center of gravity in walking pigeons (*Columba livia*), J Zool Lond 23: 373–379
Fujita M (2003) Head bobbing and the body movement of little egrets (*Egretta garzetta*) during walking, J Comp Physiol A 189: 59–63
Fujita M (2004) Kinematic parameters of the walking of herons, ground-feeders, and waterfowl, Comp Biochem Physiol A 139: 117–124
Fujita M (2006) Head-bobbing and non-bobbing walking of black-headed gulls (*Larus ridibundus*), J Comp Physiol A 192: 481–488
Fujita M, Kawakami K (2003) Head bobbing patterns, while walking, of black-winged stilts *Himantopus himantopus* and various herons, Ornithol Sci 2: 59–63
Green PR, Davies MNO, Thorpe PH (1998) Head-bobbing and orientation during landing flights of pigeons, J Comp Physiol A 174: 249–256
Troje NF, Frost BJ (2000) Head-bobbing in pigeons: how stable is the hold phase? J Exp Biol 203: 935–940
Wallman J, Letelier JC (1993) Eye movements, head movements, and gaze stabilization in birds, in: Zeigler HP, Bischof HJ (eds.) Vision, brain, and behavior in birds, MIT, Cambridge, pp. 245–263

5章

Casperson LW (1999) Head Movement and Vision in Underwater-Feeding Birds of Stream, Lake, and Seashore, Bird Behav 13: 31–46
藤田祐樹 (2009) アオアシシギとアマサギに見られる採食中の歩行動作, 沖縄県立博物館・美術館博物館紀要第２号 : 1–4

参考文献

1章・2章

Alexander RMcN(1992) The human machine, Natural History Museum Publication, London.
Gatesy SM(1999) Guineafowl hind limb function I: cineradiographic analysis and speed effects, J Morphol 240: 115–125.
Gatesy SM, Biewener AA(1991) Bipedal locomotion: effects of speed, size and limb posture in birds and humans, J Zool Lond 224: 127–147.
Griffin TM, Kram R(2000) Penguin waddling is not wasteful, Nature 408: 929
Hayes G, Alexander RMcN(1983) The hopping gaits of crows (Corvidae) and other bipeds, J Zool Lond 200: 205–213.
Minetti AE(1998) The biomechanics of skipping gaits: a third locomotion paradigm? Proc R Soc B 265(1402): 1227–1233.
Novacheck TF(1998) The biomechanics of running, Gait & Posture 7: 77–95.
Rubenson J, Heliam DB, Lloyd DG, Fournier PA(2004) Gait selection in the ostrich: mechanical and metabolic characteristics of walking and running with and without an aerial phase, Proc R Soc B 271: 1091–1099.
Schaller NU, D'Août K, Villa R, Herkner B, Aerts P(2011) Toe function and dynamic pressure distribution in ostrich locomotion, J Exp Biol 214: 1123–1130.

3章・4章

Abourachid A, Renous S(2000) Bipedal locomotion in ratites (Paleognatiform): examples of cursorial birds, Ibis 142: 538–549
Alexander RMcN, Jayes AS(1983) A dynamic similarity hypothesis for the gaits of quadrupedal mammals, J Zool Lond 201: 135–152
Dagg AI(1977) The walk of the Silver gull(*Larus novaehollandiae*) and of other birds, J Zool Lond 182: 529–540
Davies MNO, Green PR(1988) Head-bobbing during walking, running

藤田祐樹
1974年生まれ．2003年に東京大学大学院理学系研究科博士課程を修了(理学博士)．同大学院農学生命科学研究科の非常勤研究員を経て，2007年より沖縄県立博物館・美術館の人類学担当学芸員として勤務．近ごろは洞窟遺跡の発掘に汗を流す．人類学を専攻してヒトの歩行を研究するはずが，うっかりハトの歩行を研究してしまって以来，ハトはヒトに(名前が)最も近い鳥だと信じて研究を続ける．好きな言葉は「首振りと世界平和」．日本人が世界で最も首振りに詳しい国民になることを願っている．

岩波 科学ライブラリー 237
ハトはなぜ首を振って歩くのか

2015年 4月17日 第1刷発行
2020年12月 4日 第6刷発行

著 者 藤田祐樹《ふじたまさき》

発行者 岡本 厚

発行所 株式会社 岩波書店
〒101-8002 東京都千代田区一ツ橋 2-5-5
電話案内 03-5210-4000
https://www.iwanami.co.jp/

印刷・理想社 カバー・半七印刷 製本・中永製本

© Masaki Fujita 2015
ISBN 978-4-00-029637-3 Printed in Japan

●岩波科学ライブラリー〈既刊書〉

289 藤井啓祐
驚異の量子コンピュータ
宇宙最強マシンへの挑戦
本体一五〇〇円
量子コンピュータを取り囲む環境は短期間のうちに激変した。そのからくりとは何か。いかなる歴史を経て現在に至り、どんな未来が待ち受けているのか。気鋭の若手研究者として体感している興奮をもって説き明かす。

290 笠井献一
おしゃべりな糖
第三の生命暗号、糖鎖のはなし
本体一二〇〇円
糖といえばエネルギー源。しかし、その連なりである糖鎖は、情報伝達に大活躍する。糖はかしこく、おしゃべりなのだ！　外交、殺人、甘い罠。謎多き生命の〈黒幕〉、糖鎖の世界をいきいきと伝える、はじめての入門書。

291 ケネス・ファルコナー　訳 服部久美子
フラクタル
本体一五〇〇円
どれだけ拡大しても元の図形と同じ形が現れて、次元は無理数、長さは無限大。そんな図形たちの不思議な性質をわかりやすく解説。自己相似性、フラクタル次元といったキーワードから現実世界との関わりまで紹介する。

292 髙木佐保
知りたい！　ネコごころ
本体一二〇〇円
「何を考えているんだろう？　この子…」ネコ好きの学生が勇猛果敢にもその心の研究に挑む…。研究のきっかけや実験方法の工夫、被験者(?)募集にまつわる苦労話など、エピソードを交えて語る「ニャン学ことはじめ」。

293 宮内　哲
脳波の発見
ハンス・ベルガーの夢
本体　一三〇〇円
ヒトの脳波の発見者ハンス・ベルガー（1873―1941）。20年以上を費やした測定の成果が漸く認められた彼は、一時はノーベル賞候補となるもナチス支配下のドイツで自ら死を選ぶ。脳の活動の解明に挑んだ科学者の伝記。

定価は表示価格に消費税が加算されます。二〇二〇年一二月現在